国网湖北省电力有限公司

两票实施细则

GUOWANG HUBEISHENG DIANLI YOUXIAN GONGSI
LIANGPIAO SHISHI XIZE

国网湖北省电力有限公司　组编

中国电力出版社
CHINA ELECTRIC POWER PRESS

内 容 提 要

　　依据国家电网有限公司安全工作规程和有关规定，国网湖北省电力有限公司组织编制了《国网湖北省电力有限公司两票实施细则》。

　　本书分为操作票实施细则和工作票实施细则两大部分，分别包括总则、使用、填写、附则和样票示例说明；由国网湖北省电力有限公司组织各专业领域专家编写，覆盖变电、线路、电缆、配电、基建、营销、信息、通信、电力监控、水工等各类作业场景，兼具专业性与权威性；内容清晰透彻、重点突出、实操性强，方便学习理解和现场执行。

　　本书可作为各类生产作业人员的工具书，也可作为电力企业生产管理人员的参考书。

图书在版编目（CIP）数据

国网湖北省电力有限公司两票实施细则/国网湖北省电力有限公司组编. —北京：中国电力出版社，2022.10（2024.3 重印）

ISBN 978-7-5198-7155-0

Ⅰ．①国… Ⅱ．①国… Ⅲ．①电力工业－安全管理－湖北 Ⅳ．①TM08

中国版本图书馆 CIP 数据核字（2022）第 223296 号

出版发行：中国电力出版社
地　　址：北京市东城区北京站西街 19 号（邮政编码 100005）
网　　址：http://www.cepp.sgcc.com.cn
责任编辑：冯宁宁（010-63412537）　唐　玲
责任校对：黄　蓓　王海南
装帧设计：赵姗姗
责任印制：吴　迪

印　　刷：三河市万龙印装有限公司
版　　次：2022 年 10 月第一版
印　　次：2024 年 3 月北京第三次印刷
开　　本：787 毫米×1092 毫米　16 开本
印　　张：8.75
字　　数：178 千字
定　　价：48.00 元

编　委　会

前　言

"两票"制度是电力企业安全生产的一项基本制度。为进一步规范工作票、操作票填用，提升现场作业文本实效化水平，国网湖北省电力有限公司组织编制了《国网湖北省电力有限公司两票实施细则》。

本书分为操作票实施细则和工作票实施细则两大部分：

操作票是操作人员对电气设备、水力机械设备进行倒闸操作的书面依据。依据国家电网公司电力安全工作规程及国网湖北省电力有限公司有关规定，制定操作票实施细则。本细则适用于发电、变电（含高压直流）和配电（线路）等设备上的电气操作，以及水电厂水力机械及其辅助设备上的操作。

工作票是保证电力生产安全的重要组织措施。依据国家电网公司电力安全工作规程及国网湖北省电力有限公司有关规定，制定工作票实施细则。本细则适用于运用中的发电、输电、变电（包括特高压、高压直流）、配电、电力监控、信息通信设备上及相关场所的所有工作（包括技改大修、迁改工作）；以及输电、变电、配电新（扩、改）建、小型基建工程。

本书严格依据国家电网有限公司安全工作规程，对操作票和工作票的填用进行补充规定和示例说明，可作为各类生产作业人员的工具书以及生产管理人员的参考书。

目　　录

国网湖北省电力有限公司操作票实施细则

1 总　则

1.1　操作票是操作人员对电气设备、水力机械设备进行倒闸操作的书面依据。依据《国家电网公司电力安全工作规程（变电部分）》《国家电网公司电力安全工作规程（线路部分）》《国家电网公司电力安全工作规程（配电部分）（试行）》《国家电网公司电力安全工作规程（第3部分：水电厂动力部分）》（以下简称《安规》）和国网湖北省电力有限公司（以下简称"公司"）有关规定，制定本细则。

1.2　本细则严格依据《安规》的要求，对操作票填用进行规定和说明。

1.3　本细则适用于公司系统发电、变电（含高压直流）和配电（线路）等设备上的电气操作，以及水电厂水力机械及其辅助设备上的操作。并入公司系统电网运行的发电厂、用户变电站、用户配电设备可参照执行。

1.4　公司系统所有的生产和生产相关人员必须熟悉并严格执行本细则。

2 操作票使用

2.1 一般规定

2.1.1　各单位应明确设备调度管辖权限及具备相应资格的发令人、受令人、操作人（监护人）。

2.1.2　操作指令票下达。

a）新建变电站投产送电、改扩建设备投产送电、全站停送电计划操作，调控中心应提前48小时预发操作指令。

b）大型计划操作（大型操作指母线停送电、主变及三侧断路器停送电、旁路代等多间隔设备操作），调控中心应提前24小时预发操作指令。

c）中型计划操作（中型操作指倒母线、线路停送电等设备操作），调控中心应提前12小时预发操作指令。

d）次日中午12:00前进行的计划操作，调控中心应在前一日晚21:00前预发操作指令。

e）配电（线路）倒闸操作应在操作前4小时预发操作指令，涉及三个及以上电源点

的倒换负荷操作应提前 6 小时预发操作指令。

2.1.3 操作指令执行。

a）倒闸操作应在发令人发布正式操作指令，且受令人复诵无误后方可执行。禁止在未下达开始操作指令前进行倒闸操作，禁止用操作指令票代替倒闸操作票。

b）特殊情况下，综合操作指令票或逐项操作指令票移交下一班操作时，双方必须交接清楚，交、接班运维负责人共同审查确认已执行的操作项目和未执行的操作项目，综合操作指令票在备注栏中记录交接时间并分别签名，逐项操作指令票在已执行的操作项目对应备注栏中分别签名。

c）特殊情况下，未开始执行的倒闸操作票移交下一班执行时，执行操作人员（操作人、监护人、值班负责人）应重新审查操作票所填写项目正确无误并签名，如审查该票有错误时，应重新填写操作票。

d）倒闸操作因故中止，应在操作票备注栏中填写原因。若需要恢复到原运行方式，应根据调度指令重新填写倒闸操作票进行操作；禁止按原操作票进行返回操作。

e）在变电站（换流站）内，因工作需要在停电范围内的工作设备上增设接地线时，工作许可人应填写倒闸操作票进行增设，操作依据为原调度操作指令票，发令人为运维负责人；如无调度操作指令票依据，发令人为设备管辖调度。

增设的接地线装设、拆除不得改变调度操作指令的设备状态。若与调度操作指令不同，应得到设备管辖调度的同意。

2.1.4 检修人员操作。

a）检修人员进行操作的接、发令程序及安全要求，应经设备运维管理单位审定，报上级运维管理部门和调控中心备案。

检修操作人员必须是经设备运维单位考试合格并批准的本单位检修人员，并报上级运维管理部门和调控中心备案。

b）运维人员无法独立完成的装、拆接地线操作（如：需登高或使用高空作业车进行操作），可由检修人员配合协助进行；操作前，运维人员应向检修人员交待操作设备的名称、编号及操作内容；装、拆接地线的操作应在运维人员的全程监护下完成，并在备注栏中记录。

c）手车式开关转至"试验"位置由运维人员操作；调度下令将手车式开关由"运行转检修"操作时，运维人员操作至"试验"位置即可；手车式开关在检修过程中，"试验"位置与"检修"位置的转换由检修人员操作（相应安全措施由检修人员布置）。

2.1.5 变电站（换流站）顺控操作。

a）变电站一键顺控、换流站顺控操作，应按规定填用倒闸操作票。

b）变电站一键顺控、换流站顺控操作时，应调用与操作指令相符合的顺控操作票，并严格执行复诵监护制度。

c）变电站一键顺控、换流站顺控操作中断后，如需转为常规操作，应根据调度命令

按常规操作要求重新填写常规操作票。常规操作票应先对已执行项目的设备状态进行检查，再填写实际剩余操作项目。

2.2 综合操作指令票使用

2.2.1 在一个操作单位［集控站、变电站运维班、换流站运维班、发电厂、配电（线路）运维班、供电所］完成的操作任务。

2.2.2 一个操作任务是根据同一操作指令，为实现同一个操作目的而依次进行的一系列相互关联的倒闸操作全过程；包括为了一个操作目的而在相互关联的几条配电线路或配电设备上依次进行的倒闸操作。

2.2.3 发令人在下达综合操作指令票时，应提出明确的操作任务、操作要求、注意事项及综合操作指令票编号。

2.3 逐项操作指令票使用

2.3.1 由两个或两个以上的操作单位［集控站、变电站运维班、换流站运维班、发电厂、配电（线路）运维班、供电所］共同完成的操作任务；包括由一个班组完成的配电线路倒换供电方式的操作任务。

2.3.2 新设备送电或一个变电站内较为复杂的操作宜使用逐项操作指令票进行操作，使用逐项操作指令票的操作不得分解为多张综合操作指令票或口头令的方式进行操作。

2.3.3 发令人在下达逐项操作指令票时，应提出明确的操作任务、逐项操作项目（按操作顺序填写）、逐项操作指令票编号。

2.4 变电站（发电厂）倒闸操作票使用

2.4.1 综合操作指令票、逐项操作指令票下达的操作任务。

2.4.2 对设备状态清晰、可保证操作安全的逐项操作指令，可将一项逐项指令作为一个操作任务，单独填写倒闸操作票。

2.4.3 口头操作指令下达的倒闸操作任务。

2.4.4 以下操作可不填用倒闸操作票，但应使用口头操作记录单。

a）事故紧急处理。

b）拉合断路器（开关）的单一操作。

c）有载调压变压器的挡位调整。

d）拉、合变压器中性点刀闸的单一操作。

e）水电厂变电设备的程序操作。

f）远方对继电保护和自动装置进行定值区切换的单一操作。

g）停、加用继电保护和自动装置的单一压板（把手）操作。

2.5　配电（线路）倒闸操作票使用

2.5.1　综合操作指令票、逐项操作指令票下达的操作任务。

2.5.2　口头操作指令下达的倒闸操作任务。

2.5.3　以下操作可不填用倒闸操作票，但应使用口头操作记录单。

a）事故紧急处理。

b）拉合断路器（开关）的单一操作。

c）程序操作。

d）低压设备操作。

e）配网远方遥控操作。

f）配网工作人员在现场自动化设备上工作时进行停、加用自动化装置压板的操作。

g）远方停、加用继电保护、自动化装置压板的操作。

2.6　水力机械操作票使用

2.6.1　复杂的、操作程序不能颠倒的大型水机启、停操作。

2.6.2　需要切换系统运行方式及隔离系统进行检修作业的操作。

2.6.3　一旦操作失误将造成重大损失的操作。

2.6.4　设备运维管理单位规定的其他需要填用操作票的操作。

2.7　口头操作记录单使用

填用口头操作记录单的操作项目应事先列写操作顺序记录（不须填写检查项目），并持记录单到现场按操作顺序进行操作。

事故紧急处理时，拉合开关的单一操作可在操作完成后记录。

3　操 作 票 填 写

3.1　一般规定

3.1.1　综合操作指令票、逐项操作指令票、倒闸操作票、水力机械操作票、口头操作记录单均采用 A4 页面，其中综合操作指令票、逐项操作指令票采用横向页面。用计算机生成或打印的操作票应使用统一的票面格式。

a）综合操作指令票标题文字采用 16 号宋体、加粗、双下划线；表头及正文均采用 11 号宋体。

b）逐项操作指令票标题文字采用 16 号宋体、加粗、双下划线；表头及正文均采用 11

号宋体。

c）倒闸操作票标题文字采用 16 号宋体、加粗、双下划线；表头及正文均采用 11 号宋体。

d）水力机械操作票标题文字采用 16 号宋体、加粗、双下划线；表头及正文均采用 11 号宋体。

3.1.2 填入倒闸操作票的项目。

a）应断（拉）开、合（推）上的设备［断路器（开关）、隔离开关（刀闸）、跌落式熔断器（保险）、接地刀闸（装置）等］。

b）断（拉）开、合（推）上设备［断路器（开关）、隔离开关（刀闸）、跌落式熔断器（保险）、接地刀闸（装置）等］后，设备位置的检查。

c）验电（包括直接验电、间接验电）的位置、装设接地线位置及编号、拆除的接地线。

d）设备检修后合闸送电前，检查送电范围内接地刀闸（装置）已全部拉开，接地线已全部拆除。

e）拉开或推上隔离开关（刀闸）前、手车式开关推入或拉出前，检查断路器（开关）确在分闸位置。

f）合上（装上）或断开（取下）断路器（开关）、隔离开关（刀闸）的控制回路、合闸回路、电压互感器回路或站用变压器高低压侧的空气开关（熔断器），切换保护回路或自动化装置检验是否确无电压或确认电压正常等。

g）投退保护电源开关，加、停用保护（自动装置）压板、端子切换片或转换开关（包括远、近控开关）等。

h）检查保护装置正常、通道正常。

i）在进行倒负荷或解、并列（含二次）操作前后，检查相关电源运行和负荷分配以及电压指示情况等。

j）进行母线倒换、旁路代运行等母线侧刀闸操作后检查相关母线保护、主变保护、线路保护、电能表、测控屏电压切换是否正常。

k）电气设备操作后无法看到实际位置时，通过检查设备机械位置指示、电气指示、负荷指示、带电显示装置、仪表及各种遥测、遥信等信号来判断设备实际位置的检查项目。远方遥控操作继电保护软压板，对相关指示发生对应变化的确认检查项目。

l）继电保护、自动装置远方操作时，对相关指示发生对应变化的确认检查项目。

m）采用带电显示器作为判断线路确无电压的唯一依据时，在停电操作前应先检查带电显示器完好的检查项目。

n）高压直流输电系统启停、功率变化及状态转换、控制方式改变、主控站转换，控制、保护系统投退，换流变压器冷却器切换及分接头手动调节。

o）阀冷却、阀厅消防和空调系统的投退、方式变化等操作。

p）直流输电控制系统对断路器进行的锁定操作。

q）操作前的设备位置或状态检查项目〔如：开关由热备用转运行，合开关前应检查其相关刀闸在推上位置；倒母线前检查母联开关确在合上位置；开关由冷备用转检修，推地刀前应检查相关联的开关及刀闸在断（拉）开位置等〕。

3.1.3 填入水力机械操作票的项目。

a）应关闭或开启的油、水、气等系统的阀/闸门。

b）应打开的泄压阀/闸门。

c）按规定应加锁的阀/闸门。

d）需要运行值班人员在运行方式、操作调整上采取的其他措施。

3.1.4 操作票填写、暂停、修改。

a）综合操作指令票的注意事项应准确清晰，不得有造成误解的可能。注意事项的顺序不能作为倒闸操作票操作项目填写顺序的依据。

b）倒闸操作项目应按操作步骤逐项填写，一个项目栏只能填写一个操作元件（如一台开关、一副刀闸、一组地线、跌落式熔断器）。直接验电、接地项目不得分项填写，间接验电、接地项目之间不得填写其他操作项目。禁止在一个项目栏内填写两个及以上的一次设备操作元件。

c）填写倒闸操作票时，逐项操作指令票不连续的两项之间应间断留出空行，加盖"暂停，待调度令继续操作"印章；此印章应在操作票填写时盖好，作为操作间断的标志。

d）在执行倒闸操作票时，若在逐项操作指令票连续的两项之间出现操作暂停，应在倒闸操作票的暂停位置画上红线，作为操作间断的标志。

e）票面上的时间、地点、设备双重名称、操作术语、动词等关键字不得涂改。若有个别错、漏字需要修改，应将错误内容画上双删除线"═"，在修改处做插入标记，在旁边空白处填写正确内容并签名。

3.1.5 操作票单位、编号、日期。

a）指令票的操作单位填写接受指令的下级调度、变电站、换流站、发电厂、集控站、配电（线路）运维班、供电所名称。

操作票的操作单位填写操作的变电站、发电厂、监控班、运维班或供电所名称。

b）操作票的编号采用十位数，前四位数为年度、中间两位数为月份、后四位数为当月流水号；各票种应独立编号，禁止同号、跳号。

c）操作票的日期和时间，执行公历的年、月、日和24小时制，年份填写4位数字，月、日、小时和分钟填写2位数字。

3.1.6 操作票印章使用及规格。

a）操作任务完成后，在倒闸操作票最后一项的下一行顶格居左加盖"已执行"印章；若最后一项正好位于操作票的最后一行，在该操作步骤右侧加盖"已执行"印章。

b）操作任务完成后，在综合操作指令票操作任务下一行顶格居左加盖"已执行"印章；在逐项操作指令票本单位完成的最后一项操作项目下一行顶格居左加盖"已执行"印章。

c）操作票执行过程中因故中断操作，应在已操作完的项目的下一行顶格居左加盖"已执行"印章；未执行的操作，应用方框将不执行操作项目的序号框住，加盖"未执行"印章，并在备注栏内注明中断原因。若此操作票还有几页未执行，应在未执行的各页首项操作项目栏顶格居左加盖"未执行"印章。

d）倒闸操作票作废应在操作任务栏内右下角加盖"作废"印章，在作废操作票备注栏内注明作废原因。

e）调控通知作废的操作指令票应在相应的倒闸操作票和操作指令票的操作任务栏内右下角加盖"作废"印章（作废的口头操作指令在口头操作指令单的相应操作项目上盖"作废"印章），并在备注栏内注明作废时间、通知作废的调控人员姓名和受令人姓名。

若作废操作票含有多页，应在首页操作任务栏内右下角、续页首项操作时间栏顶格居左均加盖"作废"印章，在作废操作票最后一页备注栏内注明作废原因。

f）操作票评价合格的，在操作票第一页右上角加盖"合格"印章；评价不合格的，应在错误处用红笔批注更正，并在操作票第一页右上角加盖"不合格"印章。评价人应在印章下方签名并填写评价日期。

g）"已执行"印章规格为 25.4mm×8.3mm，四周为双线条；"未执行"印章规格为 25.4mm×8.3mm，四周为单线条；"暂停，待调度令继续操作"印章规格为 50.8mm×8.3mm，四周为单线条；印章字体采用 11 号、宋体、加粗、居中，用红色印料。"合格"印章规格为 30mm×20mm，四周为双线条；"不合格""作废"印章规格为 30mm×20mm，四周为单线条。印章字体采用 22 号、宋体、加粗、居中，用红色印料。

3.2 综合操作指令票格式及填写说明

综合操作指令票见附录 A。

3.3 逐项操作指令票格式及填写说明

逐项操作指令票见附录 B。

3.4 变电站（发电厂）倒闸操作票格式及填写说明

变电站（发电厂）倒闸操作票见附录 C。

3.5　配电（线路）倒闸操作票格式及填写说明

配电（线路）倒闸操作票见附录 D。

3.6　水力机械操作票格式及填写说明

水力机械操作票见附录 E。

3.7　口头操作记录单格式及填写说明

口头操作记录单见附录 F。

4　附　　　则

4.1　各单位可结合实际情况制定补充说明，但不得违反本细则。

4.2　本细则解释权属国网湖北省电力有限公司安全监察部（应急管理部、保卫部）。

附录 A 综合操作指令票格式及填写说明

秭归县调 综合操作指令票

预计操作时间：2022 年 08 月 01 日 08:00 　　　（县调）综字第 2022080001 号 　　　第 1 页 共 1 页

操作单位	操作任务	监护人	发令人	受令人	发令时间	操作时间	汇报时间	汇报人	接汇报人
110kV金釭城变电站	110kV 金釭城变电站：10kV 向家坝线（釭 706 开关）由运行转检修 （已执行）	冯×煌	王×松	舒×谋	08.01 08:30	08.01 08:33	08.01 08:42	舒×谋	王×松

注意事项：

备注：

拟票人：杨×慧 　审票人：龚×丽 　下票人：杨×慧 　受票人：舒×谋 　受票时间：07 月 30 日 18 时 00 分

---

1. **预计操作时间、票号**：填写计划操作的时间，发令人下达的指令票编号［如"（县调）综字 2022080001 号"］，"第__页"按页面顺序填写。
2. **操作单位**：填写操作单位名称。
3. **操作任务**：填写本次操作任务，明确设备的电压等级和设备的双重名称。
4. **监护人、发令人、受令人**：填写对应操作项目的监护人、发令人和受令人姓名。
5. **发令时间**：记录发令人下达操作指令的时间。当发令日期与计划操作日期不一致时，应在备注栏说明。
6. **操作时间**：填写倒闸操作票第一项操作项的操作时间。
7. **汇报时间、汇报人、接汇人**：操作完毕向发令人汇报，汇报人、调度员将汇报时间及双方的姓名填入对应栏中。
8. **注意事项**：填写该操作任务的操作注意事项或操作执行中的特别要求。
9. **备注**：填写操作中发生的特殊情况和其他需要说明的事宜等。

综合操作指令票移交下一班操作时，在备注栏中填写已执行的操作项目，交、接班运维负责人分别签名。

10. **拟票人、审票人、下票人、受票人、受票时间**：拟票人、审票人手工或电子签名；下达综合操作指令票后，分别填写下票人、受票人姓名及受票时间。

附录 B 逐项操作指令票格式及填写说明

湖北省调 逐项操作指令票

预定操作时间：2022 年 08 月 14 日 06:00 　　　（省调）逐字第 2022080001 号

操作任务	220kV 葛雁线由运行转冷备用（葛31、雁07开关检修）										
操作单位	序号	操作项目	备注	监护人	发令人	受令人	发令时间	操作时间	汇报时间	汇报人	接汇报人
葛二江厂	1	葛二江厂 220kV 葛雁线由运行转热备用									
宜昌集控（小雁溪站）	2	小雁溪站 220kV 葛雁线由运行转热备用									
小雁溪站	3	小雁溪站 220kV 葛雁线由热备用转冷备用		冯×煌	冯×和	耿×军	08.14 15:20	08.14 16:10	08.14 16:11	耿×军	冯×和
葛二江厂	4	葛二江厂 220kV 葛雁线由热备用转冷备用									
葛二江厂	5	葛二江厂 220kV 葛雁线由冷备用转检修 葛31 开关由冷备用转检修									

1. **预定操作时间、票号**：填写计划操作的时间，发令人下达的指令票编号［如"（地调）逐字2022080001号"］，"第__页"填写页面的顺序号。

2. **操作任务**：填写本次操作任务，明确设备的电压等级和设备的双重名称；逐项操作指令票有多页时，每页均填写本次操作任务。

3. **操作单位**：逐项填写执行操作项目的操作单位。

4. **序号、操作项目**：填写操作项目的顺序号和具体的操作项目内容。

5. **备注**：填写对应操作项目的特别要求或执行中发生的特殊情况等。

逐项操作指令票移交下一班操作时，在备注栏中填写已执行的操作项目，交、接班运维负责人分别签名。如：运行一值已完成1-7项操作；交班运维负责人××、接班运维负责人××。

6. **监护人、发令人、受令人**：填写对应操作项目的监护人、发令人和受令人姓名。

7. **发令时间**：填写对应操作项目的许可操作的发令时间。多项操作项目同时发令操作时，只在相同发令时间的首项记录发令时间。

8. **操作时间**：填写对应操作项目的实际操作时间（当对应操作项目分解为两个及以上的操作项目时，填写最后一项的操作时间）。

9. **汇报时间**：填写对应操作项目操作完成后向发令人汇报的时间。多项操作项目同时发令操作时，只在相同回

湖北省调　逐项操作指令票

预定操作时间：2022 年 08 月 14 日 06:00　　（省调）逐字第 2022080001 号

操作任务	220kV 葛雁线由运行转冷备用（葛 31、雁 07 开关检修）										
操作单位	序号	操作项目	备注	监护人	发令人	受令人	发令时间	操作时间	汇报时间	汇报人	接汇报人
小雁溪站	6	小雁溪站 220kV 葛雁线雁 07 开关由运行转检修　（已执行）		冯×煊	高×军	钱×军	08.14 16:30	08.14 16:44	08.14 16:46	钱×军	高×军

拟票人：葛×罗　　审票人：冯×煊　　下票人：高×军　　受票人：钱×军　　受票时间：08 月 13 日 18 时 00 分

令时间的末项记录汇报时间。

10. 汇报人、接汇报人： 填写对应操作项目的汇报人、接汇报人姓名。

11. 拟票人、审票人、下票人、受票人、受票时间： 拟票人、审票人手工或电子签名；下达逐项操作指令票后，分别填写下票人、受票人姓名及受票时间。

附录 C 变电站（发电厂）倒闸操作票格式及填写说明

变电站（发电厂）倒闸操作票

操作单位：<u>秭归运维班</u> 编号：<u>小雁溪变电站 2022080006</u> 第 <u>1</u> 页 共 <u>3</u> 页

发令人：<u>肖×书</u>	受令人：<u>张×军</u>	发令时间：<u>2022</u> 年 <u>08</u> 月 <u>14</u> 日 <u>15</u> 时 <u>20</u> 分
操作开始时间：<u>2022</u> 年 <u>08</u> 月 <u>14</u> 日 <u>15</u> 时 <u>25</u> 分		操作结束时间：<u>2022</u> 年 <u>08</u> 月 <u>14</u> 日 <u>16</u> 时 <u>44</u> 分

操作类型	（ √ ）监护操作 （　）单人操作
	（　）检修人员操作（　）一键顺控操作

操作任务：220kV 葛雁线由运行转冷备用（葛 31、雁 07 开关检修）

执行（√）	序号	操 作 项 目	操作时间
√	3-1	检查综自后台机上：雁 07 开关确在"分"位	15:25
√	3-2	检查综自后台机上：雁 07 开关确无负荷电流	
√	3-3	将 220kV 测控屏Ⅱ上：雁 07 开关远方/就地切换把手 QK 由"远方"切换至"就地"位置	
√	3-4	检查雁 07 开关三相机械位置指示确在"分"位	
√	3-5	将雁 076 刀闸机构箱内：雁 076 刀闸控制电源开关 ZK 合上	
√	3-6	拉开雁 076 刀闸	
√	3-7	检查雁 076 刀闸三相确已拉开	
√	3-8	将雁 076 刀闸机构箱内：雁 076 刀闸控制电源开关 ZK 断开	
√	3-9	将雁 071 刀闸机构箱内：雁 071 刀闸控制电源开关 ZK 合上	
√	3-10	拉开雁 071 刀闸	
√	3-11	检查雁 071 刀闸三相确已拉开	
√	3-12	将雁 071 刀闸机构箱内：雁 071 刀闸控制电源开关 ZK 断开	
√	3-13	检查雁 072 刀闸三相确在拉开位置	
√	3-14	检查雁 07 开关保护屏Ⅰ上：电压切换指示灯"Ⅰ母运行"灯确已熄灭	
√	3-15	检查雁 07 开关保护屏Ⅱ上：电压切换指示灯"L1"灯确已熄灭	
√	3-16	检查 220kV 母差保护屏Ⅰ上：雁 07 开关接Ⅰ母指示灯确已熄灭	

1. 操作单位：填写操作单位名称。

2. 编号、页码：填写变电站、发电厂的名称及操作票的编号，同一单位的操作票必须连续编号。

3. 发令人、受令人、发令时间：受令人在接受操作指令后填写发令人、受令人姓名和发令时间；根据逐项操作指令票拟票的倒闸操作票填写首项发令人、受令人姓名和发令时间。

4. 操作开始、操作结束时间：分别填写倒闸操作票中运维人员执行操作项目第一项的开始操作时间、最后一项的操作结束时间。

5. 操作类型：根据本次操作类型在监护操作、单人操作、检修人员操作或一键顺控操作的对应括号内打"√"。

6. 操作任务：依据指令票拟票的倒闸操作票，操作任务应与操作指令票内容一致；填写操作任务后应在备注栏中填写拟票依据。

7. 操作项目：应按操作步骤逐项填写具体操作项目内容。一个项目栏只能填写一个操作元件。直接验电、接地项目不得分项填写，间接验电、接地项目之间不得填写其他操作项目。

8. 序号：根据综合操作指令票或口头操作指令填写的倒闸操作票，操作项目序号应顺序连续编号，不得中断。

根据逐项操作指令票填写的倒闸操作票，其序号采用双重序号；左侧数字是逐项操作指令票操作项目序号（应完

变电站（发电厂）倒闸操作票

操作单位：<u>秭归运维班</u> 编号：<u>小雁溪变电站 2022080006</u> 第 <u>2</u> 页 共 <u>3</u> 页

执行 (√)	序号	操　作　项　目	操作 时间
√	3-17	将 220kV 母差保护屏 I 上：刀闸位置确认按钮按下	
√	3-18	检查 220kV 母差屏 II 上：雁 07 开关接 I 母指示灯确已熄灭	
√	3-19	将 220kV 母差屏 II 上：刀闸位置确认按钮按下	
√	3-20	检查 220kV 失灵屏上：雁 07 开关接 I 母灯确已熄灭	
√	3-21	将 220kV 失灵保护屏上：雁 07 开关跳闸一压板 LP17 停用	
√	3-22	将 220kV 失灵保护屏上：雁 07 开关跳闸二压板 LP37 停用	
√	3-23	将 220kV 失灵保护屏上：雁 07 开关失灵启动开入压板 LP57 停用	
√	3-24	将 220kV 母差保护屏 I 上：雁 07 开关跳闸压板 TLP5 停用	
√	3-25	将 220kV 母差保护屏 II 上：雁 07 开关跳闸压板 1C8LP2 停用	
√	3-26	将雁 07 开关保护屏 I 上：保护 1 A 相跳闸出口压板 1CLP1 停用	
√	3-27	将雁 07 开关保护屏 I 上：保护 1 B 相跳闸出口压板 1CLP2 停用	
√	3-28	将雁 07 开关保护屏 I 上：保护 1 C 相跳闸出口压板 1CLP3 停用	
√	3-29	将雁 07 开关保护屏 I 上：保护 1 重合闸出口压板 1CLP4 停用	
√	3-30	将雁 07 开关保护屏 I 上：停用重合闸压板 1KLP6 加用	
√	3-31	将雁 07 开关保护屏 I 上：启动失灵压板 8CLP3 停用	
√	3-32	将雁 07 开关保护屏 I 上：纵联保护投入压板 1KLP1 停用	
√	3-33	将雁 07 开关保护屏 II 上：保护 2 A 相跳闸出口压板 1CLP1 停用	
√	3-34	将雁 07 开关保护屏 II 上：保护 2 B 相跳闸出口压板 1CLP2 停用	

全一致），右侧序号是对应的倒闸操作项目序号；左边数字编号间断，右边序号应连续编号、不可间断（如：1-1, 1-2, 2-3, 3-4, 3-5 等），两序号用"-"相连。

当逐项操作指令票不连续的两项之间应间断留出空行，加盖"暂停，待调度令继续操作"印章，作为操作间断的标志；在逐项操作指令票连续的两项之间，若出现操作暂停，应在倒闸操作票暂停位置划上红线，作为操作间断的标志。

9. 执行（√）：在每完成一项操作项目后，在对应的项目序号前做"√"记号。

10. 操作时间：依据综合操作指令票填写的倒闸操作票，填写操作项目的第一项、最后一项的具体操作时间。

依据逐项操作指令票填写的倒闸操作票，若逐项操作指令票的操作项目只对应一个倒闸操作票操作项目序号时，则只填一个操作时间；若逐项操作指令票的操作项目对应两个或多个倒闸操作票操作项目序号时，则应填写两个操作时间，即逐项操作指令票操作项目的操作开始时间和末项操作结束时间。

所有时间应用双位填写，位数不足的用"0"占位。

11. 备注：根据实际情况填写操作依据。如"此票以（省）调（逐）字第（202206111）指令票为依据"，"此票以（省）调（/）字第（口头）指令票为依据"，"此票以（××运维负责人）调（/）字第（口头）指令票为依据"等。

倒闸操作因故中止或某些项目不执行操作，应在备注栏中说明原因。由检修人员配

变电站（发电厂）倒闸操作票

执行 (√)	序号	操 作 项 目	操作时间
√	3-35	将雁07开关保护屏Ⅱ上：保护2 C相跳闸出口压板1CLP3停用	
√	3-36	将雁07开关保护屏Ⅱ上：保护2重合闸出口压板1CLP4停用	
√	3-37	将雁07开关保护屏Ⅱ上：停用重合闸压板1KLP2加用	
√	3-38	将雁07开关保护屏Ⅱ上：分相启动失灵压板1LP9停用	
	3-39	将雁07开关保护屏Ⅱ上：三相启动失灵压板4LP1停用	
√	3-40	将雁07开关保护屏Ⅱ上：启动Ⅰ母失灵切换压板4LP3停用	
√	3-41	检查雁07开关保护屏Ⅱ上：启动Ⅱ母失灵切换压板4LP4确在停用位置	
√	3-42	将雁07开关保护屏Ⅱ上：失灵总启动压板8LP8停用	
√	3-43	将雁07开关保护屏Ⅱ上：纵联保护投入压板1KLP1停用	16:10
		暂停，待调度令继续操作	
√	6-44	在雁07开关CT与雁076刀闸之间三相分别验电，验明确无电压后推上雁078地刀	16:31
√	6-45	检查雁078地刀三相确已推上	
√	6-46	在雁07开关与雁071刀闸之间三相分别验电，验明确无电压后推上雁075地刀	
√	6-47	检查雁075地刀三相确已推上	
√	6-48	将雁07开关端子箱内：储能电源开关ZK断开	
√	6-49	将220kV测控屏Ⅱ后：雁07开关第一组操作电源开关4K1断开	
√	6-50	将220kV测控屏Ⅱ后：雁07开关第二组操作电源开关4K2断开	16:44
		已执行	

备注：此票以（ 省 ）调（ 逐 ）字第（ 2022080001 ）指令票为依据

操作人： 严×君 监护人： 张×军 李×佳 运维负责人： 闵×鹏

合装、拆的接地线等工作应在此栏备注，如"第××项、第××项操作的接地线由检修人员××配合装设，监护人：××"

12. 签名： 由本次倒闸操作票的实际操作人、监护人、运维负责人（当值值班长）、第二监护人分别在对应栏签名；第二监护人应与监护人并行签名，如：张×军（监护人）、李×佳（第二监护人）。

附录 D 配电（线路）倒闸操作票格式及填写说明

配电（线路）倒闸操作票

操作单位： 城区配抢二班 　　　编号：2022090001 　　第 1 页 共 2 页

发令人：叶×青	受令人：陈×路	发令时间：2022 年 09 月 02 日 09 时 00 分	
操作开始时间：2022 年 09 月 02 日 09 时 01 分		操作结束时间：2022 年 09 月 02 日 09 时 25 分	
操作类型	（ √ ）监护操作 　　（ 　）单人操作		

操作任务：10kV 东港一回线#03 杆市政支线由运行转检修（柱-东 010 开关转冷备用）。

执行 （√）	序号	操 作 项 目	操作时间
√	1	断开 10kV 东港一回线#03 杆 T 柱-东 010 开关	09:01
√	2	检查 10kV 东港一回线#03 杆 T 柱-东 010 开关确在断开位置	
√	3	拉开 10kV 东港一回线#03 杆 T 柱-东 0106 刀闸	09:05
√	4	检查 10kV 东港一回线#03 杆 T 柱-东 0106 刀闸在拉开位置	

1. 操作单位：填写操作单位名称。

2. 编号：填写操作票的编号。同一单位的操作票必须连续编号。

3. 发令人、受令人、发令时间：由受令人在接受操作指令后填写发令人、受令人姓名和发令时间，根据逐项操作命令票填写的倒闸操作票填写首项发令人、受令人姓名和发令时间。

4. 操作开始、操作结束时间：填写执行操作项目第一项的开始操作时间和最后一项的操作结束时间。

5. 操作类型：根据本次操作类型在监护操作、单人操作的对应括号内打"√"记号。

6. 操作任务：依据指令票拟票的倒闸操作票，操作任务应与操作指令票内容一致。操作人在填写操作任务后应在备注栏中填写拟票依据。

7. 操作项目：按操作步骤逐项填写具体操作项目内容。

8. 序号：应按操作顺序连续编号。

依据逐项操作指令票拟票时，其序号应采用双重序号，即左侧数字是逐项操作指令票操作项目序号（应完全一致），右侧序号是对应的倒闸操作项目序号；左边数字编号间断，右边序号应连续编号、不可间断（如：1-1、1-2、2-3、3-4、3-5 等），两序号用"-"相连。

当逐项操作指令票不连续的两项之间应间断留出空行，加盖"暂停，待调度令继续操作"印章，同时在指令票

配电（线路）倒闸操作票

操作单位：　城区配抢二班　　　编号：2022090001　　第 2 页 共 2 页

执行 (√)	序号	操 作 项 目	操作 时间
√	5	分别在10kV东港一回线#04杆导线上验明确无电压及时装设 10kV #001 接地线	09:25
		已执行	

备注：此票以（配）调（综）字第（2022090006 号）指令票为依据

操作人：罗×茂　　　　　　监护人：陈×路

上相同位置盖此印章，作为操作间断的标志；在逐项操作指令票连续的两项之间，若出现操作暂停，应在倒闸操作票暂停位置划上红线，作为操作间断的标志。

9. 执行（√）：在每完成一项操作项目后，在对应的项目序号前做"√"记号。

10. 操作时间：填写操作项目的第一项、最后一项和重要操作项目[包括断开、合上开关，拉开、推上刀闸（接地刀闸），装、拆接地线等]的具体操作时间。

依据逐项操作指令票填写的倒闸操作票，应填写每个逐项指令对应操作项目的操作开始时间、末项操作结束时间和重要操作项目的具体操作时间。

所有时间应用双位填写，位数不足的用"0"占位。

11. 备注：根据实际情况填写拟票依据。如："此票以（配）调（逐）字（2022080001）指令票为依据""此票以（配）调（/）字（口头）指令票为依据""此票以（××供电所负责人）调（/）字（口头）指令票为依据"等。倒闸操作因故中止或某些项目不执行操作，应在备注栏中说明原因。

12. 签名：由本次倒闸操作票的实际操作人、监护人在操作票填写审核完毕后分别在对应栏签名。

附录 E　水力机械操作票格式及填写说明

水力机械操作票

操作单位：<u>黄龙滩电厂</u>　　编号：<u>2022080014</u>　　第 <u>1</u> 页 共 <u>1</u> 页

操作开始时间：*2022* 年 *08* 月 *14* 日 *15* 时 *25* 分	操作结束时间：*2022* 年 *08* 月 *14* 日 *16* 时 *34* 分

操作任务：#1 厂房空压机室#1 高压机由检修转运行

序号	操作项目	锁/接地线	执行（√）
1	打开#1 厂房高压储气罐压力表进气阀 510		√
2	检查#1 厂房高压储气罐压力表进气阀 510 在全开位置		√
3	打开#1 厂房空压机室#1 高压机出口阀 5101		√
4	检查#1 厂房空压机室#1 高压机出口阀 5101 在全开位置		√
5	合上#1 厂房空压机室#1、#2 高压机控制柜内#1 高压机软启工作电源开关 80ZK52		√
6	合上#1 厂房空压机室#1、#2 高压机控制柜内#1 高压机电源开关 80ZK51		√
7	将#1 厂房水轮机层#1 厂房空压机室#1、#2 高压机控制柜内上#1 高压机手动/自动切换把手切换至"自动"位置		√
	已执行		

备注：此票以高×亮值长命令为依据

操作人：<u>查×龙</u>　　监护人：<u>王×勤　兰×青</u>　　运维负责人：<u>高×亮</u>

填写说明：

1. 操作单位：填写操作单位名称。

2. 编号、页码：填写操作票的编号，同一单位的操作票必须连续编号。

3. 操作开始、操作结束时间：填写操作票中运维人员执行操作项目第一项的开始操作时间和最后一项的操作结束时间。

4. 操作任务：填写操作任务后应在备注栏中填写拟票依据。

5. 操作项目：按操作步骤逐项填写具体操作项目内容。

6. 序号：操作项目序号应按操作顺序连续编号。

7. 锁/接地线：填写在阀、闸门上加装锁具的编号，在设备上装设接地线的编号"。如：

操作项目栏填写"在××阀上加挂机械锁"时，在对应锁/接地线栏填写"#××机械锁"。

操作项目栏填写"在××设备的××部位装设××kV三相短路接地线"时，在对应锁/接地线栏填写"××kV #××接地线"。

8. 执行（√）：在每完成一项操作项目后，在对应的项目序号前做"√"记号。

9. 备注：根据实际情况填写拟票依据。

操作因故中止或某些项目不执行操作，应在备注栏中说明原因。

10. 签名：由本次操作票的实际操作人、监护人、运维负责人在操作票填写审核完毕后分别在对应栏签名。

附录 F 口头操作记录单格式及填写说明

口头操作记录单

操作单位：<u>城区供电中心配网抢修二班</u>　　年度：<u>2022</u>年　　第<u>1</u>页

月	日	执行（√）	序号	操作项目	发令时间	操作时间	汇报时间	发令人	受令人
09	28	√	1	断开配桥#010台区0.4kV D01开关	08:30	08:33		叶×青	陈×路
09	28	√	2	在配桥#010台区0.4kV D01开关熏线路侧验电接地（接地线编号：0.4kV #01）		08:35	08:38	叶×青	陈×路
09	28	√	1	拆除配桥#010台区0.4kV D01开关熏线路侧接地（接地线编号：0.4kV #01）	11:05	11:08		叶×青	陈×路
09	28	√	2	合上配桥#010台区0.4kV D01开关		11:11	11:15	叶×青	陈×路
09	28	√	1	断开配板#118台区0.4kV D01开关	14:00	14:01		叶×青	陈×路
09	28	√	2	断开配板#118台区0.4kV D02开关		14:02			
09	28	√	3	断开配板#118台区0.4kV D00开关		14:03	14:05	叶×青	陈×路

1. **操作单位**：填写执行操作项目的操作单位名称。

2. **年度、页码**：填写操作记录的使用年度，"第_页"填写页面顺序号。

3. **月、日**：填写操作时的具体日期。

4. **执行（√）**：在每完成一项操作项目后，在对应的项目序号前做"√"记号。

5. **序号**：一个操作任务填写连续的顺序编号。不同的操作任务应重新编写顺序编号。

6. **操作项目**：操作项目应按操作步骤逐项填写，每个序号只能对应一个操作项目，一个操作项目只能填写一个操作元件的操作项（一个操作项目可分行顶格连续填写）。直接验电、接地项目不得分项填写，间接验电、接地项目之间不得填写其他操作项目。操作检查项不需填写。

7. **发令时间、汇报时间**：在每个操作任务的第一项和最后一项分别记录发令时间和汇报时间。

8. **操作时间**：填写每一项操作项目操作完成时间。

9. **发令人、受令人**：在每个操作任务的第一项和最后一项分别记录发令人和受令人姓名。

国网湖北省电力有限公司工作票实施细则

1 总　　则

1.1　工作票制度是保证电力生产安全的重要组织措施。依据《国家电网公司电力安全工作规程（变电部分）》《国家电网公司电力安全工作规程（线路部分）》《国家电网公司电力安全工作规程（配电部分）（试行）》《国家电网有限公司营销作业现场安全工作规程（试行）》《国家电网公司电力安全工作规程（电力监控部分）（试行）》《国家电网公司电力安全工作规程（电力通信）（试行）》《国家电网公司电力安全工作规程（信息部分）（试行）》《国家电网公司电力安全工作规程（水电厂动力部分）》《国家电网有限公司电力建设安全工作规程》（以下简称《安规》），以及国网湖北省电力有限公司（以下简称公司）有关制度规定，制定本细则。

1.2　本细则严格依据《安规》的要求，对工作票填用进行规定和说明。

1.3　本细则适用于公司系统运用中发电、输电、变电（包括特高压、高压直流）、配电、电力监控、信息通信和客户电气设备上及相关场所的所有工作（包括技改大修、迁改工作）；以及公司系统输电、变电、配电新（扩、改）建、小型基建工程和公司所属单位承揽的公司系统以外的输电、变电、配电工程。其他电力客户及相关场所的工作参照执行。

1.4　公司系统所有的生产（施工）和生产（施工）相关人员，以及进入公司系统从事生产（施工）的外来人员，必须熟悉并严格执行本细则。

2 工作票使用

2.1 一般规定

2.1.1　工作票签发。

2.1.1.1　第一种工作票（紧急抢修和紧急消缺除外）、履行许可手续的第二种工作票以及需要运维人员操作设备的带电作业工作票应提前一天签发并送达运维单位人员。

2.1.1.2　工作票"双签发"。

a）业务承包方、外来企业（简称外来单位）从事公司系统电网（发电）线路、设备上及相关场所的工作，填用工作票应与设备运维管理单位"双签发"。

b）外来单位持线路、电缆或配电工作票进入变电站或发电厂升压站进行架空线路、电缆等工作，工作票应与线路、电缆或配电运维管理单位"双签发"。

c）在设备管理、业务管理不属同一单位的设备上工作，工作票由设备管理单位和业务管理单位"双签发"；外来单位持工作票时，工作票由外来单位和设备管理单位、业务管理单位"双签发"（设备管理单位与业务管理单位在同一签发栏分行签名并填写签发时间）。

d）公司系统所属单位到客户（含代维）的变电站、输配电设备上工作，填用工作票应与客户方"双签发"。

e）工作票"双签发"时，由工作票填用单位签发后，再交设备运维管理单位（业务管理单位、客户）签发。

f）工作票填用单位的工作票签发人负责审核工作必要性和安全性、工作票上所填写的安全措施是否正确完备、所派工作负责人是否适当以及工作班人员是否适当和充足；"双签发"单位的工作票签发人负责审核工作必要性、工作票上所填写的安全措施是否正确完备、所派工作负责人是否具备相应资格。

2.1.1.3 施工作业票签发。

a）填用施工作业 A 票，由施工班组（或项目部）技术员和安全员审核并签名确认，项目总工程师及以上管理人员签发。

b）填用施工作业 B 票，由施工项目部技术员和安全员审核并签名确认，施工项目经理签发，再由监理人员现场确认安全措施，并履行签名许可手续；二级风险作业应报业主项目经理或业主项目部安全专责审核并签名确认。

c）填用施工作业 C 票，四级及以下风险作业应由施工班组（或项目部）安全员或技术员审核并签名确认，施工班组长或项目经理签发；三级及以上风险作业应由施工项目部技术员和安全员审核并签名确认，施工项目经理签发，再由监理人员现场确认安全措施，并履行签名许可手续；二级风险作业应报业主项目经理或业主项目部安全专责审核并签名确认。

d）三级及以上风险作业的施工作业票应至少提前一天完成签发审批手续。

2.1.2 工作许可。

2.1.2.1 工作票许可开始时间应在计划工作时间或延期时间范围内。

2.1.2.2 外来单位持第一种工作票（包括低压工作票）、事故紧急抢修单的工作应由设备运维人员履行工作许可手续。

2.1.2.3 外来单位持第二种工作票在输（配）电线路、设备上以及电缆沟（道、井）内工作，应办理工作许可手续。

2.1.2.4 持第二种工作票进行开闭所、环网柜、配电站等配电设备上工作，需停用重合闸的输、配电线路工作，应办理工作许可手续。

在需停用重合闸的输、配电线路工作，以及配网自动化终端二次设备上工作，应由设

备运维单位申请，值班调控人员与工作负责人履行工作许可手续。

2.1.2.5 配电带电作业需负荷侧设备进行停电操作时，应由设备运维人员现场履行工作许可手续。

2.1.2.6 工作"双许可"。

a）持线路、电缆或配电工作票，进入变电站或发电厂升压站进行架空线路、电缆等工作，应先由线路、电缆或配电工作许可人许可，再由变电工作许可人许可。

b）在输（配）电线路上进行电力通信等非电气专业工作，应先由非电气专业工作许可人许可，再由设备运维人员许可。

c）配电带电作业需负荷侧设备进行停电操作，且负荷侧停电设备与工作线路设备不是同一运维管理单位，应分别履行工作许可手续。

配电带电作业需负荷侧设备进行停电操作，且需停用重合闸的工作，应由设备运维人员、值班调控人员分别履行许可手续。

d）电网侧现场作业需操作客户高压设备时，还应得到客户的工作许可。

e）非运行单位管辖的发电厂起重特种设备、水工建筑物设备上的工作，应先由设备管理单位人员许可，再由运行值班人员许可。

f）实行"双许可"时，各方工作许可人分别对其执行的安全措施负责。

2.1.3 工作监护。

2.1.3.1 工作负责人不得兼任现场设置的专责监护人。

2.1.3.2 设置专责监护人时，应指定专责监护人和被监护的人员、地点及具体工作，并填入工作票的对应栏中。

2.1.3.3 一张施工作业票最多只能有一项三级及以上风险作业，多个作业面作业时，应在"每日站班会及风险控制措施检查记录"中明确各作业面的作业内容、作业班成员并设专责监护人。

2.1.4 人员及变更。

2.1.4.1 工作票签发人、工作负责人和工作许可人应每年行文公布名单；同时具备两种及以上资格的人员，应分别在相应资格名单上公布。

小组负责人应具备工作负责人资格；工作负责人不得兼任小组负责人。

2.1.4.2 邻近带电设备填用带电作业工作票的地电位设备上工作，工作票签发人、工作负责人及工作班人员可不须具备带电作业资格。

2.1.4.3 非特殊情况不得变更工作负责人。工作负责人只允许变更一次。

第二种工作票、带电作业工作票、低压工作票及事故紧急抢修单不允许变更工作负责人，如需变更应重新填用工作票（包括事故紧急抢修单）。

2.1.4.4 变更工作班人员应经工作负责人同意，变更情况记录在工作负责人所持工作票的工作人员变动栏中。新工作人员经安全交底并签名后方可参加工作。

采取分小组作业时，变更小组工作人员经小组负责人同意，变更情况记录在小组负责人所持分票的工作人员变动栏中。

2.1.4.5　专业承包单位填用施工作业票，施工作业票签发人、工作负责人应报监理项目部、业主项目部备案。

2.1.4.6　专业分包单位填用施工作业票，施工作业票签发人、工作负责人应报施工项目部备案，并经施工项目部培训考试合格。

2.1.4.7　对于建设单位直接委托的专业承包商、甲供物资现场安装厂家独立完成的作业，施工作业票签发人、工作负责人应报监理项目部备案。

2.1.5　开工及收工。

2.1.5.1　工作负责人得到所有工作许可人的许可令后，组织召开班前会，全体工作班人员接受安全交底、签名；并在完成工作班现场应装设的接地线等所有安全措施后，方可开始工作，严禁代签名、漏签名。

2.1.5.2　采用总、分工作票工作时，由工作负责人组织召开班前会。工作负责人在完成工作班现场应装设的接地线后，方可向分票负责人发出许可令；小组负责人未得到许可令前不得开工。

2.1.5.3　填用数日内有效的工作票，当日工作结束，应组织召开班后会；工作人员撤离现场后，方可办理收工手续。

2.1.5.4　配合停电线路采取"白停晚送"时，每日开工前恢复装设的接地线位置及编号，与其拆除时的位置及编号必须保持一致。

2.1.6　工作延期。

2.1.6.1　不需要办理工作许可手续的第二种工作票，由工作负责人与工作票签发人办理延期手续；需办理工作许可手续的第二种工作票，由工作负责人与工作许可人办理延期手续。

2.1.6.2　实行"双许可"时，工作票的延期手续应分别与"双许可"单位办理延期手续。

2.1.6.3　一张施工作业 A 票、施工作业 B 票有效期不超过 30 天，一张施工作业 C 票有效期不超过 7 天；超出施工作业票有效期或作业计划时间，应重新办理施工作业票。

2.1.7　工作终结。

2.1.7.1　工作票终结时间应在计划工作时间或延期时间范围内。

2.1.7.2　当设备检修工作完毕，工作负责人已向工作许可人办理终结手续，如果发现新的问题需要处理，则应重新办理工作票。

2.1.7.3　持线路、电缆或配电第一种工作票进入变电站或发电厂升压站进行架空线路、电缆等工作，完工办理终结手续时，应先向变电工作许可人办理，再向线路、电缆或配电工作许可人办理。

2.1.7.4 工作票延期后在有效时间内不能完成工作，应将该工作票办理终结手续，再办理新的工作票。

2.1.7.5 同一停电检修申请票办理的多张工作票，每一张工作票应与设备运维管理单位办理许可开工和终结手续；申请票所属全部工作任务完成后，由设备运维管理单位向调度员汇报申请票的工作终结。

临时代替的工作负责人不得办理工作转移和工作票终结手续。

2.1.7.6 已终结的工作票、事故紧急抢修单应保存一年；已终结的施工作业票、每日站班会及风险控制措施检查记录表应保存一年（当项目建设工期超过一年时，保存期限与工程建设期同步）。

2.2 变电站（发电厂）工作票使用

2.2.1 填用变电站（发电厂）第一种工作票的工作。

a）高压设备上工作需要全部停电或部分停电者。

b）检修发电机、同步调相机、高压电动机的工作。

c）在高压室遮栏内或与带电部分不能满足《国家电网公司电力安全工作规程（变电部分）》表 1 安全距离时进行继电保护、安全自动装置和仪表等及其二次回路的检查试验工作，需要将高压设备停电或做安全措施者（对高压设备做硬质隔离措施，下同）。

d）在高压设备继电保护、安全自动装置和仪表、自动化监控系统等及其二次回路上的工作，需要将高压设备停电或做安全措施者。

e）通信系统同继电保护、安全自动装置等复用通道（包括载波、微波、光纤通道等）的检修、联动试验，需要将高压设备停电或做安全措施者。

f）在经继电保护出口跳闸的热工保护、水工保护及其相关回路上工作，需要将高压设备停电或做安全措施者。

g）检查高压电动机及启动装置的继电器和仪表，需要将高压设备停电或做安全措施者。

h）使用携带型仪器在高压回路上进行工作，需要将高压设备停电或做安全措施者。

i）在变电站照明等回路上的工作，需要将高压设备停电或做安全措施者。

j）换流变压器、直流场设备上工作，以及阀厅设备需要将高压直流系统或直流滤波器停用者。

k）直流保护装置、通道和控制系统的工作，需要将高压直流系统停用者。

l）换流阀冷却系统、阀厅冷却空调系统、火灾报警系统及图像监视系统等工作，需要将高压直流系统停用者。

m）其他在电气设备上（区域）的工作（包括改、扩建工程的设备验收工作），需要将运用中的高压设备（含待用间隔设备）停电或做安全措施者。

2.2.2 填用变电站（发电厂）第二种工作票的工作。

a）控制盘和低压配电盘、配电箱、电源干线上的工作。

b）二次系统和照明等回路上的工作，无需将高压设备停电者或做安全措施者。

c）转动中的发电机、同期调相机的励磁回路或高压电动机转子电阻回路上的工作。

d）非运维人员用绝缘棒、核相器和电压互感器定相或用钳型电流表测量高压回路的电流。

e）大于《国家电网公司电力安全工作规程（变电部分）》表1距离的相关场所和带电设备外壳上的工作，以及无可能触及带电设备导电部分的工作。

f）换流变压器、直流场设备及阀厅设备上工作，无需将直流单、双极或直流滤波器停用者。

g）直流保护控制系统的工作，无需将高压直流系统停用者。

h）换流阀水冷系统、阀厅空调系统、火灾报警系统及图像监视系统等工作，无需将高压直流系统停用者。

i）倒闸操作票中由非运维人员执行更改定值、极性测量、核相等操作项目的工作。

j）电力监控子站系统上的工作，无需将高压设备（含待用间隔设备）停电或做安全措施者。

k）其他在电气设备上（区域）的工作（包括改、扩建工程的设备验收、防误装置维护、缺陷处理等工作），无需将高压设备（含待用间隔设备）停电或做安全措施者。

2.2.3 填用变电站（发电厂）带电作业工作票的工作。

a）带电作业工作。

b）在工作过程中，人身及工具材料与邻近带电设备的距离小于《国家电网公司电力安全工作规程（变电部分）》表1规定，且能确保大于《国家电网公司电力安全工作规程（变电部分）》表4规定的地电位设备上的工作（如：使用绝缘手套进行解、接线的方式在高压避雷器的泄漏电流表处测量泄漏电流或在高压带电设备的底座处进行防腐工作等）。

2.2.4 填用变电站（发电厂）事故紧急抢修单的工作。

a）电气设备发生故障被迫紧急停止运行，需短时内恢复的抢修和排除故障的工作，原则上使用工作票。

b）危及人身和设备安全需立即处理及修复的，或24小时内必须恢复的工作，可使用事故紧急抢修单。

c）非连续进行的事故修复工作，应使用工作票。

2.2.5 填用变电站（发电厂）二次工作安全措施票的工作。

a）在运行设备二次回路上进行拆、接线。

b）在对检修设备执行隔离措施时，需拆断、短接和恢复同运行设备有联系的二次回路工作。

c）在复杂保护或有联跳回路、启动其他保护的保护及安自装置上工作，如联切、远切、备自投、低周减载、母差、失灵、主变保护等现场校验工作。

d）需对智能变电站装置间的光纤等采取安全措施的工作，复杂保护装置或有联跳回路（以及存在跨间隔 SV、GOOSE 联系的虚回路）的保护装置检修作业。

2.2.6　可填用变电站（发电厂）分票的工作。

a）第一种工作票所列工作地点超过两个。

b）第一种工作票有两个及以上不同的工作单位（班组）。

c）总、分工作票格式与第一种工作票相同。

2.2.7　变电站（变电运维班）运维人员收到工作票后，应根据工作任务和变电站设备实际情况，认真审查工作票上所填安全措施是否正确完备并符合现场条件，如有疑问应即时向工作票签发人询问清楚，不合格的工作票应退回重填。

2.2.8　使用一张第二种工作票在同一变电站几个电气连接部分上依次进行不停电的同一类型工作，分阶段执行安全措施时，本阶段工作完毕应办理工作收工手续，新的安全措施完成后办理下一阶段开工手续。

2.2.9　二次工作安全措施票由工作负责人填写，具有本专业技术能力的工作票签发人签发。二次工作安全措施票一式两份，与检修工作票同步使用；完工后一份交运维人员保存。

2.2.10　高压回路上的工作，如必须临时拆除接地线或拉开接地刀闸方可工作时，工作负责人应征得运维人员许可（根据调度指令装设的线路侧接地线，应征得调度人员许可），并在工作票的备注栏中注明接地线（接地刀闸）编号、拆除（拉开）时间及恢复时间。

2.3　电力线路工作票使用

2.3.1　填用电力线路第一种工作票的工作。

a）在停电线路或同杆（塔）架设多回线路中的部分停电线路上的工作。

b）邻近线路需采取停电措施的工作（包括新建线路平行或交叉跨越带电线路，需要采取停电措施的施工作业）。

c）在直流线路停电时的工作（包括在直流线路中单极停电线路上的工作）。

d）在直流接地极线路或接地极上需要停电的工作。

2.3.2　填用电力线路第二种工作票的工作。

a）带电线路杆塔上且与带电导线最小安全距离不小于《国家电网公司电力安全工作规程（线路部分）》表 3 规定的工作。

b）直流线路上无需停电的工作。

c）直流接地极线路上无需停电的工作。

d）无人机、激光炮在线路上清除异物无需停电的工作。

e）技改大修（迁改）工程无需线路停电的工作。

f）带电线路下杆塔组立、放线施工作业无需线路停电的工作。

g）吊车、塔吊、挖掘机、打桩机等施工机械的作业点距离带电线路边线 30m 以内，无需线路停电的工作。

2.3.3 填用电力线路带电作业工作票的工作。

a）带电设备上的带电作业工作。

b）在工作过程中，人身及工具材料与邻近带电设备的距离小于《国家电网公司电力安全工作规程（线路部分）》表 3、大于《国家电网公司电力安全工作规程（线路部分）》表 5 规定的地电位设备上工作。

2.3.4 填用电力线路事故紧急抢修单的工作。

a）线路发生故障被迫紧急停止运行，需短时内恢复的抢修和排除故障的工作，原则上使用工作票。

b）危及人身和设备设施安全需立即处理及修复的，或 24 小时内必须恢复的工作，可使用事故紧急抢修单。

c）非连续进行的事故修复工作，应使用工作票。

2.3.5 可填用电力线路分票的工作。

a）第一种工作票所列工作地点超过两个。

b）第一种工作票有两个及以上不同的工作单位（班组）。

2.3.6 一条线路上的全部检修（施工）工作，其配合停电线路的停电接地（通信光缆开断）措施不能一次性完成时，应分阶段填用工作票，并按《安规》要求办理工作许可、终结手续。

2.3.7 填用数日内工作有效的电力线路第一种工作票，配合停电线路采取"白停晚送"方式时，每日"开工""收工"情况应在"每日开工和收工时间"栏中记录，"接地线装设、拆除"情况应在"工作间断"栏中做好记录。

总、分票工作，其配合停电线路采用"白停晚送"时，总票工作负责人得到所有分票负责人当日工作收工报告后，方可与配合停电单位办理工作间断手续；次日得到配合停电线路的许可并恢复接地措施后，方可向分票负责人发出开工令；分票负责人应在"每日开工和收工记录"栏中记录分票每日收工和开工时间。

2.3.8 电力线路总、分票由同一工作票签发人签发，由工作负责人对分票进行工作许可。

2.4 电力电缆工作票使用

2.4.1 填用电力电缆第一种工作票的工作。

a）高压电力电缆需停电的工作。

b）需将高压电缆线路解除的变（配）电站设备检修工作。

2.4.2 填用电力电缆第二种工作票的工作。

a）高压电力电缆不需要停电的工作。

b）在输电电缆隧道、沟槽内巡视的工作。

c）高压电力电缆隧道、沟槽内施工无需停电的工作。

d）进入高压电缆通道保护区的开挖、取土等电力电缆不需要停电的作业。

2.4.3 可填用电力电缆分票的工作。

a）工作票所列工作地点超过两个。

b）工作票有两个及以上不同的工作单位（班组）。

c）总、分工作票格式与其对应的工作票格式一致。

2.5 配电工作票使用

2.5.1 填用配电第一种工作票的工作。

a）需要将配电高压线路（电缆）、设备停电或做安全措施者。

b）邻近配电高压线路、设备需采取停电措施的工作（包括新建线路平行或交叉跨越带电线路，需配电高压线路、设备采取停电措施的施工作业）。

2.5.2 填用配电第二种工作票的工作。

a）高压配电（含相关场所及二次系统）工作，与邻近带电高压线路或设备的距离大于《国家电网公司电力安全工作规程（配电部分）》表 3-1 规定，不需要高压线路、设备停电或做安全措施者。

b）邻近高压配电线路、设备需停用配电线路重合闸或配网自动化功能的工作。

2.5.3 填用配电带电作业工作票的工作。

a）高压配电带电作业。

b）邻近带电高压线路或设备的距离大于《国家电网公司电力安全工作规程（配电部分）》表 3-2，小于表 3-1 规定且无绝缘遮蔽或无固定安全遮栏措施的不停电作业。

c）采用绝缘工具清除高压配电线路设备的异物、鸟窝等不停电作业。

d）采用带电作业机器人在配电线路上的不停电作业。

2.5.4 填用低压工作票的工作。

a）低压配电线路、设备上工作，不需要将高压线路、设备停电或做安全措施者。

b）邻近低压线路、设备需要低压线路停电或做安全措施的工作（包括新建线路平行或交叉跨越带电线路，需低压线路、设备采取停电措施的施工作业）。

c）非运维人员进行的低压测量工作。

2.5.5 填用配电事故紧急抢修单的工作。

a）配电线路、设备发生故障被迫紧急停止运行，需短时内恢复的抢修和排除故障的工作，原则上使用工作票。

b）危及人身和配电线路、设备安全需立即处理及修复的，或 24 小时内必须恢复的工作，可使用事故紧急抢修单。

c）非连续进行的事故修复工作，应使用工作票。

2.5.6 可填用配电分票的工作。

a）第一种工作票所列工作地点超过两个。

b）第一种工作票有两个及以上不同的工作单位（班组）。

2.5.7 一张配电工作票（低压工作票）中，工作票签发人不得兼任工作负责人。

2.5.8 配电总、分票由同一工作票签发人签发，由工作负责人对分票进行工作许可。

2.5.9 配合检修（施工）班组作业，在同一作业地点带电解除和接入电源的工作应分别办理带电作业工作票。

2.6 营销工作票使用

2.6.1 填用营销现场作业工作卡的工作。

客户侧开展业扩报装、用电检查、分布式电源、充电设备检修（试验）、综合能源等相关工作。

2.6.2 在变电站（发电厂）电气设备、配电线路设备上的工作，按本细则相关规定执行。

2.7 信息工作票使用

2.7.1 填用信息工作票的工作。

a）业务系统的上下线工作。

b）一、二类业务系统的版本升级、漏洞修复、数据操作等检修工作。

c）承载一、二类业务系统的主机设备、数据库、中间件、存储设备、网络设备及相应安全设备的投运、检修工作。

d）地市供电公司级以上单位信息网络的核心层网络设备、上联网络设备和安全设备的投运、检修工作。

e）地市供电公司级以上单位信息机房不间断电源的检修工作。

f）需要或可能引起一、二类业务系统应用服务中断的检修工作。

g）负载均衡设备重启、版本升级等工作。

h）省、地市信息网络的核心层网络设备、上联网络设备和安全设备切换、重启、版本升级等工作。

2.7.2 填用信息工作任务单的工作。

a）三类业务系统的版本升级、漏洞修复、数据操作等检修工作。

b）地市供电公司级以上单位信息网络的汇聚层网络设备的投运、检修工作。

c）县供电公司级单位核心层网络设备、上联网络设备和安全设备的投运、检修工作。

d）县供电公司级信息机房不间断电源的检修工作。

e）除 2.7.1c）款规定之外的主机设备、数据库、中间件、存储设备、非接入层网络设备及安全设备的投运、检修工作。

2.8 电力通信工作票使用

2.8.1 填用电力通信工作票的工作。

a）县级及以上供电公司本部和县供电公司以上电力调控（分）中心电力通信站的传输设备、调度交换设备、行政交换设备、通信路由器、通信电源、会议电视 MCU、频率同步设备的检修（施工）工作。

b）县级及以上供电公司本部和县供电公司以上电力调控（分）中心电力通信站内和出局独立电力通信光缆的检修（施工）工作。

c）电力通信站通信网管升级、主（互）备切换的检修（施工）工作。

d）不随一次电力线路敷（架）设的骨干通信光缆检修（施工）工作。

e）在变电站、发电厂等场所中独立通信机房内进行的通信传输设备、通信路由器、通信电源、站内通信光缆的检修（施工）工作，填用电力通信工作票。

2.9 电力监控工作票使用

2.9.1 填用电力监控工作票的工作。

a）电力监控主站系统软硬件安装调试、更新升级、退出运行、故障处理、设备消缺、配置变更，数据库迁移、表结构变更、传动试验、AGC/AVC（自动发电控制/自动电压控制）试验等工作。

b）电力监控子站系统软硬件安装调试、更新升级，退出运行、故障处理、设备消缺、配置变更，数据库迁移、表结构变更、监控信息联调、传动试验、设备定检等工作。

2.10 水力机械工作票使用

2.10.1 填用水力机械工作票的工作。

a）在水轮发电机组、水工建筑物、水力机械及其辅助设备设施上（区域）进行检修、维护、试验或安装，需要将生产设备、系统停止运行或退出备用，或需要断开电源，隔断与运行设备的油、水、气联系的工作。

b）需要运行值班人员在运行方式、操作调整上采取保障人身、设备运行安全措施的工作。

c）在非运行单位管辖的起重特种设备、水工建筑物设备上的工作。

2.10.2 填用发电厂事故紧急抢修单的工作。

a）生产主、辅设备机械部分发生故障被迫紧急停止运行，需 24 小时内恢复的抢修和排除故障的工作。

b）停运超过 24 小时后进行恢复的工作，非连续进行的事故修复工作应使用工作票。

2.10.3 填用发电厂工作任务单的工作。

a）在生产区域从事建筑、搭拆脚手架、油漆、绿化等无需运行人员执行安全措施，且不会触及带电带压设备的文明生产工作；以及不需高压设备停电或做安全措施的水电运维一体化业务项目。

b）各单位应发布填用发电厂工作任务单的工作项目。

2.11 动火工作票使用

2.11.1 填用动火工作票的工作。

a）在一级动火区动火作业填用一级动火工作票。

b）在二级动火区动火作业填用二级动火工作票。

2.11.2 各地市公司应根据《安规》一、二级动火区示例，明确划定本单位一级动火区和二级动火区范围，制定出需要执行一级和二级动火工作票的工作项目一览表，并经本单位分管生产的领导或技术负责人（总工程师）批准后执行。

2.12 施工作业票使用

2.12.1 35kV 及以上输变电基建工程，四级及以下风险作业使用施工作业 A 票。

2.12.2 35kV 及以上输变电基建工程，三级及以上风险作业使用施工作业 B 票。

2.12.3 20kV 及以下配电工程，各类风险作业用施工作业 C 票。

2.12.4 小型基建工程、综合能源建设工程，各类风险作业均使用施工作业 C 票。

2.12.5 建设单位直接委托的专业承包商、甲供物资现场安装厂家独立完成的作业，按照作业风险等级填写施工作业 A 票或施工作业 B 票。

2.12.6 填用施工作业票的工作，须设备运维单位配合将运用中的设备（线路）停电或做安全措施时，应按规定填用工作票实施相应措施。

3 工作票填写

3.1 一般规定

3.1.1 工作票（施工作业票）页面、字体。

a）各类工作票均采用 A4 页面。其中"工作单位"采用 14 号宋体、双下划线；"工作票编号""检修申请票编号"采取 9 号宋体、单下划线；正文一级标题采用 9 号黑体，二级

标题采用 9 号宋体加粗，其余文字采用 9 号宋体。

b）施工作业 A 票采用 A4 页面（B 票、C 票同 A 票）。其中"施工作业 A 票""每日站班会及风险控制措施检查记录表（A 票附件）"采用 14 号宋体，"关键点作业安全控制措施""综合控制措施""现场风险复核变化情况及补充控制措施"等一级标题采用 9 号黑体，二级标题采用 9 号宋体加粗，其余文字采用 9 号宋体。

3.1.2　工作票（施工作业票）单位、编号、日期。

a）工作票的工作单位栏中填写地（市）公司、县（市）公司或外来单位及其二级单位名称，总、分票工作单位相同。

施工作业票分栏填写建设单位、施工单位、监理单位及施工班组的名称。

b）工作票（施工作业票）编号均采用十位数，前四位数为年度、中间两位数为月份、后四位数为当月流水号；各票种应独立编号，禁止同号、跳号。采用总、分票时，总票编号同工作票编号；分票编号填写"班组简称及总票编号"，"第__号"填写总票所属分票的顺序号。

基建管控系统中施工作业票编号为 SZ-AD-（16 位工程标段编码）-××××。"SZ"为施工作业票；"A"为作业票种类；"D"为作业票最高风险等级；后缀为 16 位标段编码和 4 位流水号。

c）工作票（施工作业票）日期和时间，执行公历的年、月、日和 24 小时制，年份填写 4 位数字，月、日、小时和分钟填写 2 位数字。

3.1.3　工作票（施工作业票）修改、签名。

a）手工填写时应用黑色或蓝色的钢笔或水笔，如有个别错、漏字需要修改，应将错误内容画上双删除线"＝"，在遗漏内容处做插入标记，在旁边空白处填写正确内容并签名，字迹应清楚。

b）工作任务（作业内容）、操作术语、设备名称编号、接地线装设位置、时间等关键词不应有错漏、不得修改。

c）签名人员应在纸质工作票上或工作票信息系统上清晰完整地签署姓名，准确填写日期和时间。

d）工作票在办理许可、间断、变更、延期、终结等手续时，通过当面方式办理的应由本人签名；通过电话、信息系统等其他方式办理的，经双方确认同意后可代签名。

3.1.4　工作票调字、检修申请票号。

a）依据__调字（　）号设备停电检修票许可栏，填写受理检修申请票的调度部门简称及检修申请票号。

b）临时检修无申请号，在调字编号栏的括号内填"临检"；调度管辖范围以外的，调字编号栏的括号内画"-"。

c）依据同一个设备检修申请票填写的多张工作票，其调字编号应相同；配合停电时，

检修申请票填写工作线路检修申请票号。

3.1.5 工作票工作地点、工作内容。

a）变电工作票"工作地点"应包含检修设备所在的空间区域和设备双重名称（名称和编号），并注明电压等级。

b）线路工作票、配电工作票"工作地点（地段）"应写明线路电压等级、线路名称和杆塔的起止杆号（若只安排支线停电，要填写主干线和支线名称）；同杆架设的线路（不含低压）应填写停电线路的双重称号及色标颜色。

c）工作内容应准确、具体、完整。工作内容较多，按项目列写时应另附相应的工作任务明细表。

3.1.6 保留或邻近带电部分、其他安全措施和注意事项。

a）工作地点保留或邻近的带电设备，填写工作区域（地段）相邻近的未停电设备（包括带电部位相连接的处于断开状态的开关设备）电压等级和双重名称。

b）工作地点保留或邻近的带电线路，填写工作线路电压等级、名称、杆塔编号（邻近地段两端的杆塔）与邻近的带电线路电压等级、名称（同杆架设时应填写线路双重称号）。

邻近的带电线路包括工作区域交叉、跨越（穿越）、共杆的线路，以及 80m 以内的未停电平行的输电线路。

c）其他安全措施和注意事项，主要是针对保留或邻近带电部分，以及临边作业、高空作业、有限空间作业、近电作业、交叉作业，填写安全措施栏未包括而又必须强调工作班本次作业中应采取的安全措施。如：同杆塔架设多回线路中部分线路停电工作中作业人员应携带的识别标记，跨越道路施工中需设置道路交通指示牌，有限空间作业前通风、气体检测，起吊作业区域设置防护围栏，邻近带电线路应装设个人保安线等。

3.1.7 工作票相关栏空格行、备注栏。

a）工作班人员栏、工作任务栏、安全措施栏填写完毕不留空格行。

b）工作人员变动栏、每日开工和收工时间栏根据计划工作时间、工作需要合理预留空格行。

同一时间"增添"或"离去"人员可填写在"工作人员变动栏"的同一格中。"每日开工和收工时间"从第一天的收工时间开始填写，最后一天的收工时间可不填。

c）工作间断栏根据配合停电线路"白停晚送"计划安排预留空格栏。

d）工作人员变动栏、每日开工和收工时间栏、新增工作任务栏设置在工作票备注栏，工作票未列的其他事项可在备注栏记录。

3.1.8 工作票印章规格及使用。

a）工作票（施工作业票）终结后，应在第一页左上方加盖"已终结"印章；作废工作票（施工作业票），应在第一页左上方加盖"作废"印章。

b）工作票（施工作业票）评价合格的，应在第一页右上角加盖"合格"印章；评价不合格的，应在第一页右上角加盖"不合格"印章。

c）"已终结"印章、"合格"印章规格为 30mm×20mm，四周为双线条；"作废"印章、"不合格"印章规格为 30mm×20mm，四周为单线条。印章字体采用 22 号、宋体、加粗、居中，用红色印料。

3.2 变电站（发电厂）工作票格式及填写说明

3.2.1 变电站（发电厂）第一种工作票见附录 A-1。

3.2.2 变电站（发电厂）第二种工作票见附录 A-2。

3.2.3 变电站（发电厂）带电作业工作票见附录 A-3。

3.2.4 变电站（发电厂）事故紧急抢修单见附录 A-4。

3.2.5 变电站（发电厂）二次工作安全措施票见附录 A-5。

3.3 电力线路工作票格式及填写说明

3.3.1 电力线路第一种工作票见附录 B-1。

3.3.2 电力线路分票见附录 B-2。

3.3.3 电力线路第二种工作票见附录 B-3。

3.3.4 电力线路带电作业工作票见附录 B-4。

3.3.5 电力线路事故紧急抢修单见附录 B-5。

3.4 电力电缆工作票格式及填写说明

3.4.1 电力电缆第一种工作票见附录 C-1。

3.4.2 电力电缆第二种工作票见附录 C-2。

3.5 配电工作票格式及填写说明

3.5.1 配电第一种工作票见附录 D-1。

3.5.2 配电分票见附录 D-2。

3.5.3 配电第二种工作票见附录 D-3。

3.5.4 配电带电作业工作票见附录 D-4。

3.5.5 低压工作票见附录 D-5。

3.5.6 配电事故紧急抢修单见附录 D-6。

3.6 营销工作票格式及填写说明

3.6.1 营销现场作业工作卡见附录 E-1。

3.7 信息工作票格式及填写说明

3.7.1 信息工作票见附录 F-1。

3.8 电力通信工作票格式及填写说明

3.8.1 电力通信工作票见附录 G-1。

3.9 电力监控工作票格式及填写说明

3.9.1 电力监控工作票见附录 H-1。

3.10 水力机械工作票格式及填写说明

3.10.1 水力机械工作票见附录 I-1。
3.10.2 水力机械事故紧急抢修单见附录 I-2。

3.11 动火工作票格式及填写说明

3.11.1 一级动火工作票见附录 J-1。
3.11.2 二级动火工作票见附录 J-2。

3.12 施工作业票格式及填写说明

3.12.1 施工作业 A 票见附录 K-1。
3.12.2 A 票每日站班会及风险控制措施检查记录表见附录 K-1A。
3.12.3 施工作业 B 票填写说明见附录 K-2。
3.12.4 B 票每日站班会及风险控制措施检查记录表见附录 K-2B。
3.12.5 施工作业 C 票见附录 K-3。
3.12.6 C 票每日站班会及风险控制措施检查记录表见附录 K-3C。

4 附　　则

4.1 各单位可结合实际制定补充说明，但不得违反本细则。
4.2 本细则解释权属国网湖北省电力有限公司安全监察部（应急管理部、保卫部）。

附录 A-1　变电站（发电厂）第一种工作票格式及填写说明

国网宜昌供电公司（变电检修分公司）

变电站（发电厂）第一种工作票（检一）字第 2022080001 号
本工作票依据（地）调字（2022080002）号设备检修票许可

1. 工作负责人（监护人）：　杨×振　　班组：变电检修一班
2. 工作班人员（不包括工作负责人）：王×超、李×杰、杨×龙、李×辰、黄×彦、张×刚、黄×旺、谢×儒、吴×俊、张×伟、王×民、林×斌、任×柳、吴×强、李×泉　　　　　　　　　　　　　共　15　人
3. **工作的变电站名称及设备双重名称**
　交流 220kV 猇亭变电站：220kV 猇#1 主变
4. **工作任务**

4.1 工作地点及设备双重名称	4.2 工作内容
主变设备区：220kV 猇#1 主变	猇#1 主变例行检修、有载瓦斯继电器渗油处理及加装集气盒；猇#1 主变例行试验

5. 计划工作时间：自 2022 年 08 月 10 日 09 时 00 分至 2022 年 08 月 11 日 20 时 00 分
6. **安全措施**（必要时可附页绘图说明）

6.1 应断开断路器（开关）、拉开隔离开关（刀闸）	执行人
猇 04、041、042、043、046、047	石×兵
猇 28、281、282、283、286、287	石×兵
猇 43、431、436	石×兵
6.2 应装接地线、应推上接地刀闸（注明确实地点、名称及接地线编号）	执行人
在#1 主变 220kV 侧避雷器处装设（#621302）接地线一组	石×兵
在#1 主变 110kV 侧避雷器处装设（#621308）接地线一组	石×兵
在#1 主变 10kV 母线桥上装设（#621315）接地线一组	石×兵
6.3 应停用的保护压板及二次回路电源	执行人
断开猇 04、28、43 开关操作电源：4K2、93K、94K	石×兵
断开猇 04、28 开关储能电源：1ZK	石×兵
取下猇 43 开关合闸保险：11RD、12RD	石×兵

工作单位、工作票编号、检修申请票编号：执行一般规定。

1. **工作负责人（监护人）、班组**：填写班组工作负责人姓名；工作班组名称（多个班组共用一张工作票，则依次填写班组名称）。

2. **工作班人员**：填写工作班全体人员姓名；采用总分票作业时，填写每张分票负责人姓名及分票总人数，并用分号分开。"共__人"填写工作班人员总人数（不包括工作负责人）。

3. **工作的变电站名称及设备双重名称**：填写工作所在的变电站名称及设备双重名称（注明交流、直流及电压等级）。

4. **工作任务**

4.1 工作地点及设备双重名称：填写执行一般规定。不同的工作地点和设备应分行。

4.2 工作内容：填写执行一般规定。对应工作地点及设备填写具体工作内容。

5. **计划工作时间**：填写批准的检修期限。

6. **安全措施**

6.1 应断开断路器（开关）、拉开隔离开关（刀闸）：填写工作范围内应断开的断路器和拉开的隔离开关名称和编号，每个单元设备之间使用分号隔开，并按电压等级分行。

6.2 应装接地线、应推上接地刀闸：填写应推上的所有接地刀闸的名称及编号，并按电压等级分行；应装设接地线（绝缘罩）的具体地点和组数，并按装设地点分行。接地线（绝缘罩）编号由工作许可人填写。当工作设备不需接地时，此栏

断开猴 041、042、043、046、047、287 刀闸操作电源：1DK、2DK、3DK、6DK	石×兵
断开猴 041、042、043、046、047、287 刀闸电机电源：ZK	石×兵
断开#1 主变调压开关电源：ZK	石×兵
断开#1 主变冷控箱电源：1K、2K	石×兵
断开#1 主变非电量保护电源：2ZK	石×兵
6.4 应设遮栏、应挂标示牌及防止二次回路误碰等措施	执行人
在猴 04、28、43 开关 KK 把手及猴 041、042、043、046、047、287 刀闸电动机构箱门把手、猴 281、282、283、286、431、436 刀闸操作把手上挂"禁止合闸，有人工作！"标示牌；在#1 主变调压开关电源开关、冷控箱电源开关、非电量保护电源开关上挂"禁止合闸，有人工作！"标示牌。	石×兵
在#1 主变四周装设围栏，向内悬挂"止步，高压危险！"标示牌，并在邻近道路处设置唯一出入口，悬挂"从此进出！"标示牌。	石×兵
在#1 主变本体悬挂"在此工作！"标示牌。	石×兵
开启#1 主变（ #01 ）爬梯门并悬挂"从此上下！"标示牌。	石×兵

6.5 工作地点保留带电部分或注意事项（工作票签发人填写）	**6.6 补充工作地点保留带电部分和安全措施（工作许可人填写）**
高压试验前，试验负责人应通知所有人员离开被试设备，试验过程中应高声呼唱，试验结束后应充分放电。	无
220kV #1 主变相邻 220kV #2 主变带电运行，工作中工作人员注意与运行设备高压带电部位保持 220kV：3.0m、110kV：1.5m、10kV：0.7m 及以上安全距离。	
高处作业应正确使用安全带，升降平台应可靠接地。	

工作票签发人签名：<u>张×亮</u>　签发日期：<u>2022</u>年<u>08</u>月<u>08</u>日<u>13</u>时<u>42</u>分

工作票双签发人签名：<u>/</u>　签发日期：<u>/</u>年<u>/</u>月<u>/</u>日<u>/</u>时<u>/</u>分

7. 收到工作票时间：<u>2022</u>年<u>08</u>月<u>08</u>日<u>14</u>时<u>00</u>分

　　变电运维人员签名：<u>石×兵</u>　　工作负责人签名：<u>杨×振</u>

8. 确认本工作票 1-7 项

　　工作许可人签名：<u>石×兵</u>　　工作负责人签名：<u>杨×振</u>

　　许可开始工作时间：<u>2022</u>年<u>08</u>月<u>10</u>日<u>09</u>时<u>05</u>分

填写"无"。

6.3 应停用的保护压板及二次回路电源：填写应停用的继电保护、安全自动装置的跳闸压板（包括工作设备可能跳运行设备或启动其他保护的压板），并按装置分行；应取下（断开）的二次回路电源的控制保险、空气开关、刀闸等[包括检修设备和可能来电侧的断路器（开关）、隔离开关（刀闸）的控制、合闸电源]，并按一次设备类型分行。

6.4 应设遮栏、应挂标示牌及防止二次回路误碰等措施：填写在工作场所应设的遮栏（围栏，红布幔）；应挂的"禁止类""警告类"和"允许类"标示牌；防止误碰二次回路（设备）的具体措施，以及直流设备阀门开闭。

执行人：由工作许可人逐项确认已执行措施并签名。

6.5 工作地点保留带电部分或注意事项：工作票签发人填写保留带电部分，并针对工作内容、使用的机具和作业场景应采取的其他安全措施。

6.6 补充工作地点保留带电部分和安全措施：工作许可人逐项确认与现场保留带电部分的设备名称、编号，补充完善相关安全措施。如没有补充的，填写"无"。

　　工作票签发人签名：工作票签发人审核确认 1-6 项后签名，并填写签发的具体时间。

　　工作票双签发人签名：双签发单位工作票签发人确认签名，并填写签发的具体时间。无需"双签发"时，空格处填"/"。

7. 收到工作票时间：工作负责人收到已签发的工作票，检查所列安全措施无疑问后签名；变电运维人员收到已签发

9. 确认工作负责人布置的任务和安全措施

工作班组人员签名：**王×趟 李×杰 杨×龙 李×辰 黄×彦 张×刚 黄×旺 谢×儒 吴×俊 张×伟 王×民 林×斌 任×柳 吴×强 李×泉**

10. 工作负责人变动情况

原工作负责人_____离去，变更_____为工作负责人

变更时间：_____年___月___日___时___分

工作票签发人签名：_____ 工作许可人签名：_____

11. 工作票延期

经调度员/运行值班负责人_____同意

有效期延长到_____年___月___日___时___分

工作负责人签名：_____ _____年___月___日___时___分

工作许可人/运行值班负责人签名：_____

_____年___月___日___时___分

12. 临时安全措施

在_____装设_____临时保安接地线。

工作负责人签名：_____ _____年___月___日___时___分

装设在_____的临时保安接地线已全部拆除。

工作负责人签名：_____ _____年___月___日___时___分

13. 工作终结

全部工作于 **2022** 年 **08** 月 **11** 日 **17** 时 **40** 分结束，设备及安全措施已恢复至开工前状态，工作人员已全部撤离，材料工具已清理完毕，工作已终结。

工作负责人签名：**杨×振** 工作许可人签名：**石×兵**

14. 工作票终结

临时遮栏、标示牌已拆除，常设遮栏已恢复。未拆除接地线编号 **#621302、#621308、#621315** 等共 **3** 组、未拉开接地刀闸（小车）编号___**/**___等共___**/**___副（台）。已汇报调度值班员 **王×岚**。

工作许可人签名：**石×兵** **2022** 年 **08** 月 **11** 日 **18** 时 **10** 分

15. 备注

15.1 指定专责监护人 **吴×俊** 负责监护 **杨×龙、李×辰，#1主变，高压试验**（人员、地点及具体工作）

指定专责监护人 **张×伟** 负责监护 **黄×旺、谢×儒，#1主变，试验作业面升降平台作业**（人员、地点及具体工作）

15.2 工作人员变动情况（增添人员姓名、变动日期及时间）

增添人员姓名	日	时	分	工作负责人	离去人员姓名	日	时	分	工作负责人

的工作票，应对工作票内容进行认真审查，有疑问及时向签发人询问清楚，确认无疑问后填写收到工作票的时间并签名。不符合要求的应退回重填。

8. **工作许可**：工作许可人会同工作负责人到现场共同检查确认本工作票1-7项执行无误后，由工作许可人填写许可开工时间并与工作负责人分别签名。

9. **确认工作负责人布置的任务和安全措施**：召开班前会，每位工作班人员确认签名；总、分票作业时，分票负责人在总票中签名确认，工作班人员在分票中签名确认。

10. **工作负责人变动情况**：填写原工作负责人和新的工作负责人姓名及变动时间，由工作票签发人、许可人确认后签名。若工作票签发人无法当面办理时，工作许可人得到工作票签发人同意后代为签名，并在其后加（代）。

11. **工作票延期**：经调度员/运维负责人同意，填写批准的有效延长期限时间；工作许可人与工作负责人分别确认签名并填写签名的具体时间。

12. **临时安全措施**：工作负责人在其收执的工作票上填写装设、拆除的所有临时保安接地线的地点、编号及执行的具体时间并签名。

13. **工作终结**：运维负责人或工作许可人验收合格后，工作负责人填写工作结束时间，与工作许可人分别签名。工作负责人执行的工作票告终结。

14. **工作票终结**：工作许可人填写未拆除的接地线编号及数量（没有时填写"/"），未拉开的接地刀闸的编号及数

15.3 每日开工和收工时间（使用一天的工作票不必填写）

收工时间				工作负责人	工作许可人	开工时间				工作许可人	工作负责人
月	日	时	分			月	日	时	分		
08	10	17	40	杨×振	石×兵	08	11	08	45	石×兵	杨×振

15.4 新增工作任务

工作地点及设备双重名称	工作内容	新增工作任务时间				工作票签发人	工作许可人
		月	日	时	分		

15.5 其他事项：无 _____

_____

_____

_____

_____

_____

_____

_____

_____

_____

_____

_____

_____

量（没有时填写"/"），向值班调度员汇报并填写调度员姓名，同时填写许可人持有的工作票终结时间并签名。

15. 备注

15.1 指定专责监护人：依次填写专责监护人姓名及被监护人员、工作地点及具体工作；没有专责监护时填写"/"。

15.2 工作人员变动情况：工作负责人填写工作人员变动（增添、离去）情况、变动日期、时间并签名。

15.3 每日开工和收工时间：工作许可人将每日工作收工、开工时间填写在本栏目中，并与工作负责人分别签名。采用电话办理时，工作负责人、许可人分别在各自持有的工作票中填写，并代为对方签名，在其后加（代）。

15.4 新增工作任务：工作负责人填写工作地点及设备双重名称、工作内容、新增工作任务时间，经工作票签发人、工作许可人同意后签名确认，采用电话办理代签名时，签名后加（代）。

15.5 其他事项：填写需要说明的有关情况。若无其他事项时，填写"无"。

附录 A-2　变电站（发电厂）第二种工作票格式及填写说明

国网宜昌供电公司（变电检修分公司）

变电站（发电厂）第二种工作票（继保）字第 2022080002 号

1. 工作负责人（监护人）：马×俊　　班组：　继电保护班
2. 工作班人员（不包括工作负责人）：王×旭　　　　　共　1　人
3. **工作的变电站名称及设备双重名称**

交流 220kV 猇亭变电站：220kV 猇顾线猇 13 开关

4. **工作任务**

4.1 工作地点或地段及 设备双重名称	4.2 工作内容
主控室：220kV 猇顾线猇 13 开关保护屏 I（RCS-931 保护装置）	220kV 猇顾线第一套线路保护定值更改

5. 计划工作时间：自 2022 年 08 月 02 日 09 时 00 分至 2022 年 08 月 02 日 18 时 00 分

6. **工作条件（停电或不停电，或邻近及保留带电设备名称）**

工作设备不停电

7. **注意事项（安全措施）**

7.1 注意事项（安全措施）	7.2 工作负责人现场复核情况 （手工填写）
在 220kV 猇顾线猇 13 开关保护屏 I 前后挂"在此工作！"标示牌，在其相邻屏"运行设备！"挂红布幔。	已在 220kV 猇顾线猇 13 开关保护屏 I 前后挂"在此工作！"标示牌，在其相邻屏"运行设备！"挂红布幔。
在 220kV 猇顾线猇 13 开关保护屏 I 上停用下列压板：A 相跳闸出口 1CLP1、B 相跳闸出口 1CLP2、C 相跳闸出口 1CLP3、重合闸出口 1CLP4、分相起动失灵 1CLP5、保护三跳起动远切 1CLP8、RCS-931 三相启动失灵 4CLP1、无故障起动远切 4CLP3、启动失灵 I 母 7CLP1、启动失灵 II 母 7CLP2、失灵总起动 8LP3。	更改 220kV 猇顾线第一套线路保护定值前已在 220kV 猇顾线猇 13 开关保护屏 I 上停用压板：1CLP1、1CLP2、1CLP3、1CLP4、1CLP5、1CLP8、4CLP1、4CLP3、7CLP1、7CLP2、8LP3。

工作票签发人签名：李×东　签发日期：2022 年 08 月 01 日 08 时 00 分
工作票双签发人签名：　／　签发日期：　／年／月／日／时／分

工作单位、工作票编号：执行一般规定。

1. 工作负责人（监护人）、班组：填写班组工作负责人姓名；工作班组名称（多个班组共用一张工作票，则依次填写班组名称）。

2. 工作班人员：填写工作班全体人员姓名，"共___人"填写工作班人员总人数（不包括工作负责人）。

3. 工作的变电站名称及设备双重名称：填写工作所在的变电站名称及设备双重名称（注明交流、直流及电压等级）。

4. 工作任务

4.1 工作地点或地段及设备双重名称：填写执行一般规定。不同的工作地点和设备应分行填写。

4.2 工作内容：填写执行一般规定。对应工作地点及设备填写具体内容。

5. 计划工作时间：填写批准的计划工作时间。

6. 工作条件：工作的二次设备或低压设备不需停电，则填写"工作设备不停电"；如停电，应填写断开的交、直流电源空气开关（熔断器）、刀闸以及控制保险（空气开关）、信号刀闸等。

　　明确邻近及保留带电设备名称填写执行一般规定。

7. 注意事项（安全措施）

7.1 注意事项（安全措施）：填写应停用的继电保护、安全自动装置的跳闸压板；防止电压二次回路短路、电流二次回路开路、直流回路短路接地以及防止误碰、误动其他运行设备的安全措施；高压设备区域工

8. 补充安全措施（工作许可人填写）

8.1 补充安全措施	8.2 执行情况（工作许可人手工填写）
无	无

9. 确认本工作票 1-8 项

    工作负责人签名：<u>马×俊</u>　工作许可人签名：<u>徐×晶</u>

    许可开工时间：<u>2022</u> 年 <u>08</u> 月 <u>02</u> 日 <u>11</u> 时 <u>00</u> 分

10. 确认工作负责人布置的任务和安全措施

    工作班组人员签名：<u>王×旭</u>

11. 工作票延期

    有效期延长到＿＿＿＿年＿＿月＿＿日＿＿时＿＿分

    工作负责人签名：＿＿＿＿＿＿年＿＿月＿＿日＿＿时＿＿分

    工作许可人签名：＿＿＿＿＿＿年＿＿月＿＿日＿＿时＿＿分

12. 工作票终结

    全部工作于 <u>2022</u> 年 <u>08</u> 月 <u>02</u> 日 <u>15</u> 时 <u>40</u> 分结束，工作人员已全部撤离，材料工具已清理完毕，工作已终结。

    工作负责人签名：<u>马×俊</u> <u>2022</u> 年 <u>08</u> 月 <u>02</u> 日 <u>15</u> 时 <u>45</u> 分

    工作许可人签名：<u>徐×晶</u> <u>2022</u> 年 <u>08</u> 月 <u>02</u> 日 <u>15</u> 时 <u>45</u> 分

13. 备注

13.1 指定专责监护人＿＿/＿＿负责监护＿＿/＿＿（人员、地点及具体工作）

13.2 工作人员变动情况（增添人员姓名、变动日期及时间）

增添人员姓名	日	时	分	工作负责人	离去人员姓名	日	时	分	工作负责人

13.3 每日开工和收工时间（使用一天的工作票不必填写）

收工时间				工作负责人	工作许可人	开工时间				工作许可人	工作负责人
月	日	时	分			月	日	时	分		

作与带电设备应保持的安全距离；现场布置的围栏（红布幔）、标示牌等。

7.2 工作负责人现场复核情况：工作负责人现场逐项确认落实，并手工填写。

    工作票签发人签名：工作票签发人确认 1-7 项后签名，并填写签发的具体时间。

    工作票双签发人签名：双签发单位工作票签发人确认签名，并填写签发的具体时间。无需"双签发"时，空格处填"/"。

8.1 补充安全措施：工作许可人根据工作票所填安全措施和工作现场场景填写必要的补充安全措施。如没有补充安全措施，此栏填写"无"。

8.2 执行情况：工作许可人逐项确认落实，并手工填写。

9. 工作许可：工作许可人会同工作负责人共同确认本工作票1-8项执行无误后，填写许可开工时间并与工作负责人分别签名。采用电话许可时，工作负责人得到工作许可人同意后代签名，其后加（代）。

10.确认工作负责人布置的任务和安全措施：召开班前会，每位工作班人员确认签名。

11. 工作票延期：经运维负责人同意，填写批准的有效延长期时间；工作许可人与工作负责人分别确认签名并填写具体时间。

12. 工作票终结：经双方确认后，工作负责人填写工作终结时间，工作许可人与工作负责人分别签名，工作票终结。采用电话终结时，由工作负责人得到工作许可人同意后代签名，其后加（代）。

13. 备注

13.1 指定专责监护人：填写专

13.4 新增工作任务

工作地点及 设备双重名称	工作内容	新增工作 任务时间				工作票 签发人	工作 许可人
		月	日	时	分		

13.5 其他事项：<u>无</u> _____

_____

_____

_____

_____

_____

_____

_____

_____

_____

_____

_____

责监护人姓名及其被监护人员、工作地点及具体工作；没有专责监护时填写"/"。

13.2 工作人员变动情况： 工作负责人填写工作人员变动（增添、离去）情况、变动日期、时间并签名。

13.3 每日开工和收工时间： 工作许可人将每日工作收工、开工时间填写在本栏目中，并与工作负责人分别签名。采用电话办理时，工作负责人、许可人分别在各自持有的工作票中填写，并代对方签名，在其后加（代）。

13.4 新增工作任务： 工作负责人填写工作地点及设备双重名称、工作内容、新增工作任务时间，经工作票签发人、工作许可人同意后签名确认，采用电话办理代签名时，签名后加（代）。

13.5 其他事项： 其他需要说明的有关情况。没有其他事项时，填写"无"。

国网宜昌供电公司（变电检修分公司）

变电站（发电厂）带电作业工作票（检一）字第 2022080001 号

1. 工作负责人（监护人）：　陈×石　　班组：　变电检修一班　
2. 工作班人员（不包括工作负责人）：李×宙、阮×耕　　　　　　共 2 人
3. 工作的变电站名称及设备双重名称

交流 220kV 獍亭变电站：220kV 獍顾线獍 13 开关线路避雷器 B 相

4. 工作任务

4.1 工作地点或地段	4.2 工作内容
220kV 设备区：220kV 獍顾线獍 13 开关线路避雷器 B 相	泄漏电流表进水更换

5. 计划工作时间：自 2022 年 08 月 13 日 08 时 40 分至 2022 年 08 月 13 日 18 时 00 分

6. 工作条件（等电位，中间电位或地电位，或邻近带电设备名称）

地电位，邻近 220kV 獍顾线獍 13 开关线路避雷器 B 相带电运行

7. 注意事项（安全措施）

7.1 注意事项（安全措施）	7.2 工作负责人现场复核情况（手工填写）
220kV 獍顾线獍 13 避雷器 B 相为运行设备，工作时作业人员应与 220kV 獍顾线獍 13 避雷器 B 相的带电部位保持大于 1.8m 以上安全距离，并设专责监护人。	220kV 獍顾线獍 13 避雷器 B 相为运行设备，工作时作业人员在地面作业时与 220kV 獍顾线獍 13 避雷器 B 相的带电部位保持 2.1m 安全距离，并设阮×耕专人监护。
更换故障泄漏电流表前需将避雷器泄漏电流引下线处良好接地，接地时应戴好绝缘手套，不得徒手触摸引下线防止泄漏电流伤人。	更换故障泄漏电流表前已戴好绝缘手套将避雷器泄漏电流引下线接地并确认良好接地；泄漏电流表更换完成并确认避雷器泄漏电流表接地良好后，拆除接地引下线。
在 220kV 獍顾线獍 13 避雷器 B 相泄漏电流表处悬挂"在此工作！"标示牌。	已在 220kV 獍顾线獍 13 避雷器 B 相泄漏电流表处悬挂"在此工作！"标示牌。

工作票签发人签名：韩×飞　　签发日期：2022 年 08 月 12 日 19 时 52 分

工作票双签发人签名：　/　　签发日期：/ 年 / 月 / 日 / 时 / 分

8. 确认本工作票 1-7 项，工作负责人签名：　陈×石　
9. 指定 阮×耕 为专责监护人，专责监护人签名：　阮×耕　

工作单位、工作票编号：执行一般规定。

1. 工作负责人（监护人）、班组：填写班组工作负责人姓名；工作班组名称。

2. 工作班人员：填写工作班全体人员姓名，"共_人"填写工作班人员总人数（不包括工作负责人）。

3. 工作的变电站名称及设备双重名称：填写工作所在的变电站名称及设备双重名称（注明交流、直流及电压等级）。

4. 工作任务

4.1 工作地点或地段：填写执行一般规定。不同的工作地点和设备应分行填写。

4.2 工作内容：填写执行一般规定。对应工作地点及设备填写具体内容。

5. 计划工作时间：填写批准的计划工作时间。

6. 工作条件：填写等电位、中间电位或地电位作业；邻近带电设备的作业，应填写作业地点邻近带电设备的名称。

7. 注意事项（安全措施）

7.1 注意事项（安全措施）：由工作负责人根据工作条件及工作内容填写所采取的具体安全措施和注意事项。

7.2 工作负责人复核情况：工作负责人现场逐项确认落实。

工作票签发人签名：工作票签发人确认 1-7 项后签名，并填写签发的具体时间。

工作票双签发人签名：双签发单位工作票签发人确认签名，并填写签发的具体时间。无需"双签发"时，空格处填写"/"。

8. 工作负责人确认签名：确

10. 补充安全措施（工作许可人填写）

10.1 补充安全措施	**10.2 执行情况** （工作许可人手工填写）
无	无

11. 许可开工：确认本工作票 1-10 项，许可开工时间 **2022** 年 **08** 月 **13** 日 **10** 时 **28** 分

        工作许可人签名：**邱×围**   工作负责人签名：**陈×石**

12. 确认工作负责人布置的任务和安全措施

        工作班（组）人员签名：**李×宙　阮×耕**

13. 工作票终结

        全部工作于 **2022** 年 **08** 月 **13** 日 **12** 时 **56** 分结束，工作人员已全部撤离，材料工具已清理完毕。

        工作负责人签名：**陈×石**   工作许可人签名：**邱×围**

14. 备注

14.1 指定专责监护人 **阮×耕** 负责监护 **李×宙，220kV 犹颀线犹13 避雷器B 相，工作时与带电部位保持大于 1.8m 以上安全距离**（人员、地点及具体工作）

14.2 工作人员变动情况（增添人员姓名、变动日期及时间）

增添 人员 姓名	日	时	分	工作 负责人	离去 人员 姓名	日	时	分	工作 负责人

14.3 其他事项：**无**

认工作票 1-7 项，工作负责人签名。

9. 指定专责监护人：由工作负责人或工作票签发人指定专责监护人，专责监护人签名。

10.1 补充安全措施：工作许可人根据工作票所填安全措施和工作现场场景填写必要的补充安全措施。如没有补充安全措施，此栏填写"无"。

10.2 执行情况：工作许可人逐项确认落实，并手工填写。

11. 许可开工：工作许可人会同工作负责人共同确认本工作票 1-10 项执行无误后，由工作许可人填写许可开工时间并与工作负责人分别签名。

12. 确认工作负责人布置的任务和安全措施：召开班前会，每位工作班人员确认签名。

13. 工作票终结：经双方确认后，工作负责人填写工作终结时间，工作许可人与工作负责人分别签名，工作票终结。

14. 备注：

14.1 指定专责监护人：填写专责监护人姓名及其被监护人员、工作地点及具体工作。

14.2 工作人员变动：工作负责人填写工作人员变动（增添、离去）情况、变动日期、时间并签名。

14.3 其他事项：其他需要说明的有关情况。没有其他事项时，填写"无"。

附录 A-4　变电站（发电厂）事故紧急抢修单格式及填写说明

国网宜昌供电公司（变电检修分公司）

变电站（发电厂）事故紧急抢修单（直一）字第 2022080001 号

1. 抢修工作负责人（监护人）：<u>郭×伟</u>　班组：<u>二次直流一班</u>
2. 抢修班人员（不包括抢修工作负责人）：<u>黄×伟、黄×喜、刘×江、</u>
<u>蒋×威</u>　　　　　　　　　　　　　　　共 <u>4</u> 人
3. **抢修任务**（抢修地点和抢修内容）
<u>交流 220kV 杨家湾变电站 110kV 设备区：110kV 湾升一回湾 114 开关储能</u>
<u>回路故障处理</u>
4. **安全措施**

4.1 应断开断路器（开关）、拉开隔离开关（刀闸）	执行人
湾 114、1141、1142、1146；	*万×馆*
4.2 应装接地线、应推上接地刀闸（注明确实地点、名称及接地线编号）	执行人
湾 1145、1148	*万×馆*
4.3 应停用的保护压板及二次回路电源	执行人
断开湾 114 开关操作电源：2K2、直流电源开关（电机储能电源）：2ZK	*万×馆*
断开湾 1141 刀闸控制电源：2Z、电机电源：3Z	*万×馆*
断开湾 1142 刀闸控制电源：2Z、电机电源：3Z	*万×馆*
断开湾 1146 刀闸控制电源：2Z、电机电源：3Z	*万×馆*
4.4 应设遮栏、应挂标示牌及防止二次回路误碰等措施	执行人
在湾 114 开关机构箱悬挂"在此工作！"标示牌，在湾 114 开关周围装设围栏，并向内悬挂适当数量的"止步、高压危险！"标示牌；在邻近道路处设置出入口，并悬挂"从此进出！"标示牌；	*万×馆*
在湾 114 开关 KK 把手及湾 1141、1142、1146 刀闸操作机构箱门上悬挂"禁止合闸，有人工作！"标示牌。	*万×馆*
在湾 114 开关操作电源开关及直流电源开关（电机储能电源开关）上悬挂"禁止合闸，有人工作！"标示牌。	*万×馆*

5. 抢修地点保留带电部分或注意事项

5.1 抢修地点保留带电部分或注意事项	5.2 工作负责人现场复核情况（手工填写）
110kV #4、#5 母线、110kV 湾升一回湾 114 开关相邻 110kV 湾业线湾 113 开关间隔、110kV #4 母线电压互感器间隔均带电运行，工作中应与运行设备高压带电部位保持 110kV：1.5m 及以上的安全距离。	110kV #4、#5 母线、110kV 湾升一回湾 114 开关相邻 110kV 湾业线湾 113 开关间隔、110kV #4 母线电压互感器间隔均带电运行，工作地点与最近的 110kV 湾业线湾 113 开关间隔高压带电部位有 4m 的安全距离。
储能故障处理过程中防止机械伤人。	储能故障处理前已将储能释放释能。

6. 上述 1-5 项由抢修工作负责人 <u>郭×伟</u> 根据抢修任务布置人 <u>韩×煦</u> 的布置填写。

填写时间：<u>2022</u> 年 <u>08</u> 月 <u>04</u> 日 <u>10</u> 时 <u>36</u> 分

7. 经现场勘察需补充下列安全措施

7.1 经现场勘察需补充下列安全措施	7.2 执行情况（工作许可人手工填写）
临时电源接入需得到运维人员同意并指定专门位置；抢修过程中需要恢复相关电源或开关投退试验时，需通知运维人员恢复或配合。	得到运维人员万×镕同意并指定 110kV 设备区#1 检修电源向 2703 开关接入临时电源；抢修过程中需要恢复相关电源或开关投退试验时，已通知运维人员万×镕恢复或配合。

经许可人（调度/运维人员）：<u>万×镕</u> 同意（<u>2022</u> 年 <u>08</u> 月 <u>04</u> 日 <u>13</u> 时 <u>40</u> 分）后，已执行。

8. 许可抢修时间：<u>2022</u> 年 <u>08</u> 月 <u>04</u> 日 <u>13</u> 时 <u>47</u> 分经 <u>李×雯</u> （调度/值班负责人）许可开工。

　　许可人签名：<u>万×镕</u> 　　抢修工作负责人：<u>郭×伟</u>

9. 确认工作负责人布置的任务和安全措施

　　工作班组人员签名：<u>黄×伟　黄×喜　刘×江　蒋×威</u>

10. 抢修结束汇报

　　本抢修工作于：<u>2022</u> 年 <u>08</u> 月 <u>04</u> 日 <u>17</u> 时 <u>05</u> 分结束。

　　临时遮栏、标示牌已拆除，常设遮栏已恢复。未拆除接地线的接地线编号 <u>　/　</u> 等共 <u>　/　</u> 组、未拉开接地刀闸（小车）编号 <u>1145、1148</u> 等共 <u>2</u> 副（台）。

　　现场设备状况及保留安全措施：<u>无</u>

　　抢修班人员已全部撤离，材料工具已清理完毕，事故应急抢修单已终结。

　　抢修工作负责人签名：<u>郭×伟</u> 　　许可人签名：<u>万×镕</u>

设备类型分行。

4.4 应设遮栏、应挂标示牌及防止二次回路误碰等措施：填写在工作场所应设的遮栏（围栏、红布幔）；应挂的"禁止类""警告类"和"允许类"标示牌；防止误碰二次回路（设备）的具体措施。

　　执行人：由工作许可人逐项确认并签名。

5.1 抢修地点保留带电部分或注意事项：填写执行一般规定。

5.2 工作负责人复核情况：抢修工作负责人现场逐项确认落实，并手工填写复核情况。

6. 抢修工作负责人签名：抢修工作负责人填写上述 1-5 项后向抢修任务布置人汇报，填写本人姓名、抢修任务布置人的姓名及填写时间。

7.1 经现场勘察需补充安全措施：抢修工作负责人和运维人员双方现场检查安全措施是否满足工作条件，由运维人员填写补充的安全措施。需经调度同意的抢修工作，运维人员向值班调度员汇报并征得同意后，负责执行上述安全措施。若无补充安排，则填写无。

7.2 执行情况：工作许可人逐项确认落实，手工填写执行情况，并签名、填写执行时间。需经调度同意的抢修工作，许可人应填写调度员姓名和执行时间。

8. 许可抢修时间：工作许可人布置完现场安全措施，经调度或值班负责人同意，会同工作负责人现场确认 1-7 项执行无误后，填写许可抢修时间、调度或值班负责人姓名，与工作负责人分别签名。

9. 确认工作负责人布置的任务和安全措施：召开班前会，

汇报时间：**2022** 年 **08** 月 **04** 日 **17** 时 **25** 分

11. 备注

11.1 指定专责监护人 ＿＿＿**/**＿＿＿ 负责监护 ＿＿＿**/**＿＿＿（人员、地点及具体工作）

11.2 其他事项：**无**＿＿＿＿＿＿＿＿＿＿＿＿＿＿＿＿＿＿＿＿＿＿

＿＿＿＿＿＿＿＿＿＿＿＿＿＿＿＿＿＿＿＿＿＿＿＿＿＿＿＿＿＿＿＿

＿＿＿＿＿＿＿＿＿＿＿＿＿＿＿＿＿＿＿＿＿＿＿＿＿＿＿＿＿＿＿＿

＿＿＿＿＿＿＿＿＿＿＿＿＿＿＿＿＿＿＿＿＿＿＿＿＿＿＿＿＿＿＿＿

＿＿＿＿＿＿＿＿＿＿＿＿＿＿＿＿＿＿＿＿＿＿＿＿＿＿＿＿＿＿＿＿

＿＿＿＿＿＿＿＿＿＿＿＿＿＿＿＿＿＿＿＿＿＿＿＿＿＿＿＿＿＿＿＿

＿＿＿＿＿＿＿＿＿＿＿＿＿＿＿＿＿＿＿＿＿＿＿＿＿＿＿＿＿＿＿＿

＿＿＿＿＿＿＿＿＿＿＿＿＿＿＿＿＿＿＿＿＿＿＿＿＿＿＿＿＿＿＿＿

＿＿＿＿＿＿＿＿＿＿＿＿＿＿＿＿＿＿＿＿＿＿＿＿＿＿＿＿＿＿＿＿

＿＿＿＿＿＿＿＿＿＿＿＿＿＿＿＿＿＿＿＿＿＿＿＿＿＿＿＿＿＿＿＿

＿＿＿＿＿＿＿＿＿＿＿＿＿＿＿＿＿＿＿＿＿＿＿＿＿＿＿＿＿＿＿＿

每位工作班人员确认签名。

10. 抢修结束汇报： 抢修工作负责人向许可人报抢修完工，经双方检查确认，填写抢修工作结束时间并分别签名。

运维人员填写未拆除的接地线编号及数量、未拉开的接地刀闸的编号及数量（没有时填写"/"），现场设备抢修后的状况及保留的安全措施（没有时，此栏填写"无"），向调度汇报后填写汇报时间。

11. 备注

11.1 指定专责监护人： 填写专责监护人姓名及其被监护人、地点及具体工作。没有填写"/"。

11.2 其他事项： 需要说明的有关情况。

附录 A-5　变电站（发电厂）二次工作安全措施票格式及填写说明

国网宜昌供电公司（变电检修分公司）

变电站（发电厂）二次工作安全措施票（对应工作票票号：继保 2022080007）

1. 工作内容：　220kV 旧远线远 226 开关保护全部检验做二次安全措施
2. 工作负责人：　刘×杜　　　　班组：　继电保护班
3. 工作时间：　2022 年 08 月 12 日至 2022 年 08 月 14 日
4. 签发人：　李×东
5. **工作设备名称**

220kV 旧远线远 226 开关保护屏Ⅰ、220kV 旧远线远 226 开关保护屏Ⅱ、220kV 旧远线汇控柜

6. **安全措施**

安全措施：包括应打开及恢复连接片、直流线、交流线、信号线、联锁线和联锁开关等，按工作顺序填用安全措施。

序号	安全措施内容	执行时间	恢复时间
1	在 220kV 旧远线远 226 开关保护屏Ⅰ上解开下列光纤并做好防尘措施： GOOSE 组网：15-RX2、15-TX2 保护直采：5-RX1 保护直跳：15-RX1、15-TX1	08.12 21:15	08.14 13:59
2	在 220kV 旧远线远 226 开关保护屏Ⅱ上解开下列光纤并做好防尘措施： GOOSE 组网：7-RX1、7-TX1 保护直采：7-RX2 保护直跳：7-RX3、7-TX3	08.12 21:18	08.14 14:11
3	在 220kV 旧远线汇控柜上解开下列光纤并做好防尘措施： 220kV 母线保护 A SV 直采：1-13n：3-11 220kV 母线保护 B SV 直采：2-13n：3-11	08.12 21:21	08.14 14:26
4	在 220kV 旧远线远 226 开关保护屏Ⅰ上解开保护通道光纤并做好防尘措施： 主保护光纤：8-TX1、8-RX1	08.12 21:24	08.14 14:34
5	在 220kV 旧远线远 226 开关保护屏Ⅱ上解开保护通道光纤并做好防尘措施： 主保护光纤：5-TX、5-RX	08.12 21:27	08.14 14:44

工作单位：执行一般规定。

对应工作票票号：填写对应工作票班组简称及工作票编号。

1. 工作内容：填写变电站（发电厂）二次工作安全措施票的具体工作内容。

2. 工作负责人、班组：填写班组工作负责人姓名、工作班组全称。

3. 工作时间：填写执行变电站（发电厂）二次工作安全措施票的时间，与工作票计划工作时间一致。

4. 签发人：二次工作安全措施票签发人签名。

5. 工作设备名称：被试设备的双重名称。不同的一次设备应分行填写。

6. 安全措施：一个操作序号填写一项安全措施内容，按工作顺序填写需要操作的二次安全措施项目。

执行时间填写执行安全措施的开始时间。恢复时间填写措施恢复的结束时间。

执行人栏：安全措施项目按顺序执行，并记录每项的执行时间，执行完毕执行人和监护人分别签名。

恢复人栏：安全措施恢复时按适当顺序进行，并记录每项恢复时间，恢复完毕恢复人和监护人分别签名。第二监护人在监护人栏同行签名。

| 6 | 在 220kV 旧远线汇控柜上梭开下列电流端子连接片：
第一套保护电流：1-13ID：1（X10-1）、1-13ID：2（X10-2）、1-13ID：3（X10-3）、1-13ID：4（X10-4）
第二套保护电流：2-13ID：1（X10-11）、2-13ID：2（X10-12）、2-13ID：3（X10-13）、2-13ID：4（X10-14） | 08.12
21:38 | 08.14
14:57 | |

执行人：邱×叶　监护人：刘×杜

恢复人：邱×叶　监护人：刘×杜　李×东（第二监护人）

附录 B-1 电力线路第一种工作票格式及填写说明

宜昌三峡送变电工程有限责任公司（送电工程分公司）

电力线路第一种工作票（检二）字第 2022080001 号

本工作票依据（地）调字（2022080034）号设备检修票许可

1. 工作负责人（监护人）： 刘×鹏　班组： 检修二班
2. 工作班人员（不包括工作负责人）： 李×宜等 16 人；谭×鹏等 16 人；徐×光等 16 人　　　　　　　　　　　　　　　　共 48 人
3. 工作的线路名称或设备的双重名称（多回路应注明双重称号）
220kV 长郭二回（ 长 12-郭 06 ）
4. 工作任务

4.1 工作地点或地段 （注明分、支线路名称、线路的起止杆号）	4.2 工作内容
220kV 长郭二回新#53-新#55	导地线更换、紧挂线及附件安装
220kV 长郭二回原#52-新#53	导地线利旧、紧挂线
220kV 长郭二回新#55-原#56	导地线利旧、紧挂线

5. 计划工作时间：自 2022 年 08 月 13 日 07 时 00 分至 2022 年 08 月 14 日 19 时 00 分
6. 安全措施（必要时附页绘图说明）

6.1 应转为检修状态的线路间隔名称和应断开的断路器（开关）、拉开的隔离开关（刀闸）、取下的熔断器（保险）（包括分支线、客户线路和配合停电线路）	执行人
220kV 长郭二回（ 长 12-郭 06 ）转为检修状态，断开长 12 开关、郭 06 开关，拉开长 126 刀闸、郭 066 刀闸。	张×川
10kV 鄂沱线汪家棚支线转为检修状态，断开柱#09 开关，拉开 091、092 刀闸（白停晚送）。	刘×高
10kV 鄂沱线汪家棚支线#2 台区 0.4kV 配 I 回线转为检修状态，断开分 01 开关，拉开分 016 刀闸（白停晚送）。	刘×高

6.2 应装设的接地线（确认 6.1 已执行）					
装设位置（线路名称及杆号）	接地线编号	装设时间	执行人	拆除时间	执行人
220kV 长郭二回#52 小号侧	220kV #01	08 月 13 日 09 时 02 分	李×宜	08 月 14 日 17 时 36 分	李×宜

工作单位、工作票编号、检修申请票编号：执行一般规定。

1. 工作负责人（监护人）、班组：填写班组工作负责人姓名；工作班组名称（多个班组进行综合检修（施工）时，填写单位名称）。

2. 工作班人员：填写工作班全体人员姓名；分小组作业时，填写小组负责人姓名及小组总人数，用分号分开。"共＿人"填写工作班人员总人数（不包括工作负责人）。

3. 工作的线路名称或设备的双重名称：填写工作线路电压等级、线路名称（变电站开关编号，包括 T 接变电站）；多回路应注明工作线路位置称号（共杆部分起止杆号）。工作设备应填写设备名称、编号。

4. 工作任务

4.1 工作地点或地段：填写执行一般规定。不同工作地点应分行填写。

4.2 工作内容：填写执行一般规定。对应工作线路填写具体的工作内容。

5. 计划工作时间：填写批准的检修期限。

6. 安全措施

6.1 应转为检修状态的线路间隔名称和应断开的断路器（开关）、拉开的隔离开关（刀闸）：填写应转为检修状态的线路名称、应断开的断路器和拉开的隔离开关名称和编号，每条线路之间用分号隔开；分行填写配合停电线路断开的断路器和拉开的隔离开关名称和编号，"白停晚送"时在其后"（）"注明。

220kV 长郭二回#56 大号侧	220kV #02	08月13日 09时15分	徐×光	08月14日 17时42分	徐×光
10kV 鄂沱线汪家棚支线#17杆	10kV #01	08月13日 07时45分	谭×鹏	08月14日 17时58分	谭×鹏
10kV 鄂沱线汪家棚支线#2 台区 0.4kV 配Ⅰ线#11 杆	0.4kV #01	08月13日 08时05分	谭×鹏	08月14日 18时22分	谭×鹏

6.3 保留或邻近的带电线路、设备

220kV 长郭二回#52-新#53 之间跨越的 500kV 葛洲坝接地极带电。

6.4 其他安全措施和注意事项	**6.5 工作负责人复核情况（手工填写）**
跨越的配合停电线路采取"白停晚送"的方式，每日应得到配合停电线路的许可，许可后方可开始当日工作。	8月13日07时26分已得到配合停电线路运维管理单位刘×高的许可。 8月14日07时12分已得到配合停电线路运维管理单位刘×高的许可。
新#53 紧挂线时应与 500kV 接地极线路保持不小于 2.5m 的安全距离，并设专人监护。	小组负责人李×宜安排专责监护人张×忠负责监护，新#53 紧挂线时导线与500kV 接地极地线实际距离为10.5m。
#53、#55 塔脚钉腿应设置攀登绳。#54 塔上下塔人员每人配备双钩。	#53、#55 耐张塔脚钉腿已设攀登绳。#54 上下塔人员已配备双钩。
#53、#55 塔紧挂线前，横担大小号侧应平衡锚线，确保紧挂线过程中应采取平衡挂线方式，并配备"二道保护"设施。	#53、#55 塔导地线紧挂线已采取平衡锚线的方式，并已设置"二道保护"措施。

工作票签发人签名：<u>程×东</u> <u>2022</u> 年 <u>08</u> 月 <u>12</u> 日 <u>17</u> 时 <u>00</u> 分
工作票双签发人签名：<u>张×川</u> <u>2022</u> 年 <u>08</u> 月 <u>12</u> 日 <u>17</u> 时 <u>05</u> 分
工作负责人签名：<u>刘×鹂</u> <u>2022</u> 年 <u>08</u> 月 <u>12</u> 日 <u>17</u> 时 <u>10</u> 分

7. 工作许可：确认本工作票1-6项，许可工作开始

许可的线路名称	许可方式	工作许可人	工作负责人	许可工作的时间
220kV 长郭二回	电话许可	张×川	刘×鹂	2022 年 08 月 13 日 08 时 06 分
10kV 鄂沱线汪家棚支线	电话许可	刘×高	刘×鹂	2022 年 08 月 13 日 07 时 26 分
10kV 鄂沱线汪家棚支线 #2 台区 0.4kV 配Ⅰ线	电话许可	刘×高	刘×鹂	2022 年 08 月 13 日 07 时 26 分

采取电话许可时，执行栏中由工作负责人填写执行人（许可人）姓名。

6.2 应装设的接地线：填写工作班组在工作地段及配合停电线路上装设的接地线位置（线路名称、杆号及大、小号侧）、接地线编号、装设时间和拆除时间，并填写执行人的姓名。

6.3 保留或邻近的带电线路、设备：填写执行一般规定。如没有则填写"无"。

6.4 其他安全措施和注意事项：填写执行一般规定。

6.5 工作负责人复核情况：工作负责人逐项确认落实，并手工填写复核情况。

工作票签发人签名：工作票签发人确认 1-6 项后签名，并填写签发的具体时间。

工作票双签发人签名：双签发单位工作票签发人确认签名，并填写签发的具体时间。无需"双签发"时，空格处填"/"。

工作负责人签名：工作负责人收到已签发的工作票后，应再次审查无疑问后，签名并填写收到工作票的时间。

7. 工作许可：许可的线路名称栏中按不同的线路设备管理单位（包括配合停电线路）许可权限分行填写线路电压等级、线路名称；许可方式填写"电话许可"或"当面许可"；工作许可人、工作负责人、许可时间由工作负责人据实填写。

8. 电力线路分票登记：填写各个小组的分票编号、工作内容、小组负责人姓名、工作负责人向小组负责人许可开工时间、小组负责人向工作负责人汇报工作结束时间。

8. 电力线路分票登记

分票编号	工作任务	小组负责人	工作许可时间	工作结束报告时间
2022080001-01	新#53 导地线更换张力场作业、紧挂线	李×宜	08月13日 09时20分	08月14日 16时20分
2022080001-02	新#54 放线滑车监护、附件安装。	谭×鹏	08月13日 09时20分	08月14日 15时55分
2022080001-03	新#55 导地线更换牵引场作业、紧挂线。	徐×光	08月13日 09时20分	08月14日 16时58分

9. 确认工作负责人布置的任务和安全措施

工作班（组）人员签名：__李×宜　谭×鹏　徐×光__

现场接地线装设完毕，工作于 __2022__ 年 __08__ 月 __13__ 日 __09__ 时 __20__ 分开始

10. 工作间断

2022 年 08 月 13 日					
接地线装设位置	接地线编号	接地线拆除时间	执行人	汇报时间	工作许可人
10kV 鄂沱线汪家棚支线#2 台区0.4kV配Ⅰ线#11杆	0.4kV #01	17时55分	谭×鹏	18时21分	刘×高
10kV 鄂沱线汪家棚支线#17 杆	10kV #01	18时18分	谭×鹏	18时21分	刘×高

2022 年 08 月 14 日					
接地线装设位置	工作许可人	许可时间	接地线编号	接地线恢复装设时间	执行人
10kV 鄂沱线汪家棚支线#2 台区 0.4kV 配Ⅰ线#11杆	刘×高	07时12分	0.4kV #01	08时30分	谭×鹏
10kV 鄂沱线汪家棚支线#17 杆	刘×高	07时12分	10kV #01	07时30分	谭×鹏

11. 工作负责人变动情况

原工作负责人_____离去，变更_____为工作负责人。

工作票签发人_____年____月____日____时____分

12. 工作票延期：有效期延长到_____年____月____日____时____分

工作负责人签名：_____年____月____日____时____分

工作许可人签名：_____年____月____日____时____分

---

9. 确认工作负责人布置的任务和安全措施：召开班前会，每位工作班人员确认签名；分小组作业时，小组负责人在工作票中签名确认，工作班人员在小组分票中签名确认。

工作接地线全部装设完毕后，填写工作开始的时间。

10. 工作间断：配合停电线路采取"白停晚送"时，填写配合停电线路的装、拆情况；未采取"白停晚送"时，该栏填写"/"。

当日收工后方可拆除接地线；由工作负责人向配合停电线路许可人汇报接地线已拆除，并填写接地线拆除时间、汇报时间、工作许可人及执行人姓名。

次日，工作负责人得到配合停电线路许可后方可恢复装设接地线，并填写接地线装设时间、许可时间、工作许可人及执行人姓名。

11. 工作负责人变动情况：分别填写原工作负责人和新的工作负责人姓名，工作票签发人确认后签名，并填写变更的具体时间。无法当面办理时，工作负责人得到工作票签发人同意代为签名并在其后加（代）。

12. 工作票延期：填写批准的有效延长期时间；工作负责人与工作许可人分别确认签名并填写具体时间；无法当面办理时，工作负责人得到工作许可人同意代为签名并在其后加（代）。

13. 工作票终结

13.1 工作完毕：接到所有小组负责人工作结束汇报后，方可下令拆除现场接地线。工作负责人清点核查现场所挂的接地线以及带到工作现场的个

13. 工作票终结

13.1 现场所装设的接地线编号 *220kV #01、220kV #02、10kV #01、0.4kV #01* 共 _4_ 组，架空地线接地线共 _/_ 组，带到工作现场的个人保安线共 _9_ 组，已全部拆除、带回。已经工作负责人清点、核查无误。

13.2 工作终结报告

终结的线路名称	终结报告方式	工作许可人	工作负责人签名	终结报告时间
10kV 鄂沱线汪家棚支线	*电话报告*	*刘×高*	*刘×鹏*	*2022 年 08 月 14 日 18 时 26 分*
10kV 鄂沱线汪家棚支线#2 台区 0.4kV 配Ⅰ线	*电话报告*	*刘×高*	*刘×鹏*	*2022 年 08 月 14 日 18 时 26 分*
220kV 长郭二回	*电话报告*	*张×川*	*刘×鹏*	*2022 年 08 月 14 日 18 时 30 分*

14. 备注

14.1 指定专责监护 ___/___ 负责监护 ___/___ （人员、地点及具体工作）

14.2 工作人员变动情况（增添人员姓名、变动日期及时间）

增添人员姓名	日	时	分	工作负责人	离去人员姓名	日	时	分	工作负责人

14.3 每日开工和收工时间（使用一天的工作票不必填写）

收工时间				工作负责人	工作许可人	开工时间				工作许可人	工作负责人
月	日	时	分			月	日	时	分		
08	*13*	*17*	*50*	*刘×鹏*	*/*	*08*	*14*	*08*	*35*	*/*	*刘×鹏*

14.4 新增工作任务

工作地点及设备双重名称	工作内容	新增工作任务时间				工作票签发人	工作许可人
		月	日	时	分		

14.5 其他事项：*无* _____

_____

人保安线已全部拆除，填写接地线编号、组数以及架空地线接地线、个人保安线组数。

13.2 工作终结报告：按不同的线路和设备管理单位（包括配合停电线路）权限，分行填写电压等级、线路名称；终结报告方式填写"电话报告"或"当面报告"；工作负责人向全部工作许可人汇报工作终结后分别签名，并填写终结报告时间。采用电话报告方式时，应由工作负责人代签名。

多个小组工作，工作负责人应先得到所有小组负责人工作结束的汇报，方可向工作许可人汇报工作终结。

14. 备注

14.1 指定专责监护人：填写专责监护人姓名及其被监护人员、工作地点及具体工作。没有时填写"/"。

14.2 工作人员变动情况：工作负责人填写增添、离去工作人员姓名及具体时间并签名。分小组作业时，人员变动由小组负责人在分票中填写。

14.3 每日开工和收工时间：收工时间为当日工作任务结束时间；分小组作业时，应为所有小组工作结束后的时间。

开工时间为当日工作任务开始时间。

14.4 新增工作任务：工作负责人填写工作地点及设备双重名称、工作内容、新增工作任务时间，工作票签发人、工作许可人同意后签名确认。

14.5 其他事项：其他需要说明的有关情况。没有填写"无"。

15. 附图：附图中应画出工作线路应断开的开关、刀闸，并注明名称和编号及工作地段的起止杆号；工作地段内须采

15. 附图

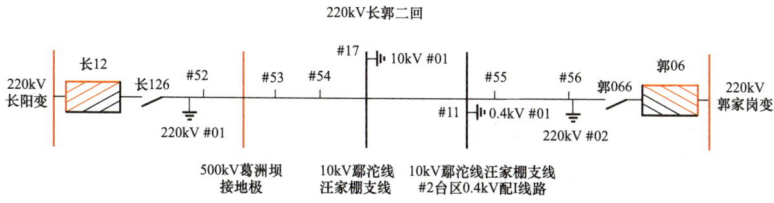

220kV长郭二回

220kV长阳变　长12　长126　#52　#53　#54　#17　10kV #01　#55　#56　郭066　郭06　220kV郭家岗变

220kV #01　#11　0.4kV #01　220kV #02

500kV葛洲坝接地极　10kV鄢沱线汪家棚支线　10kV鄢沱线汪家棚支线#2台区0.4kV配I线路

附录 B-2 电力线路分票格式及填写说明

宜昌三峡送变电工程有限责任公司（送电工程分公司）

电力线路分票（工作票号：检二 2022080001）第 01 号

1. 工作负责人：刘×鹍
2. 小组负责人：李×宜   小组名称：第一小组
   小组人员：张×忠、严×勇、向×平、王×贤、童×龙、陈×健、王×武、王×权、王×光、杜×保、彭×本、杜×红、冉×安、冯×建、鲁×富
                                                    共 15 人
3. 工作的线路或设备双重名称：220kV 长郭二回（长 12-郭 06）
4. 工作任务

4.1 工作地点或地段 （注明线路名、起止杆号）	4.2 工作内容
220kV 长郭二回新#53-新#55	导地线更换#53 张力场作业、紧挂线
220kV 长郭二回原#52-新#53	导地线利旧、紧挂线

5. 计划工作时间：自 2022 年 08 月 13 日 07 时 00 分至 2022 年 08 月 14 日 18 时 00 分
6. 安全措施（必要时可附页绘图说明）

6.1 注意事项（安全措施）	6.2 小组负责人复核情况（手工填写）
每日应得到工作负责人的许可后方可开始当日工作；收工后应向工作负责人汇报。	已得到刘×鹍的许可后开始每日工作；每日收工后立即向刘×鹍汇报。
新#53 紧挂线时应与 500kV 接地极线路保持不小于 2.5m 的安全距离，并设专人监护。	张×忠监护新#53 紧挂线时与 500kV 接地极线路约 10.5m 的距离。
新#53 挂线前用导体将绝缘子串短接。	新#53 挂线前已用导体将绝缘子串短接。
新#53 耐张塔脚钉腿应设置攀登绳。	新#53 耐张塔脚钉腿已设攀登绳。
新#53 塔紧挂线前，横担大小号侧应平衡锚线，确保紧挂线过程中应采取平衡挂线方式，并配备"二道保护"设施。	新#53 塔紧挂线采取平衡锚线，并已设置"二道保护"。

分票签发人签名：程×东 2022 年 08 月 12 日 17 时 00 分
小组负责人签名：李×宜 2022 年 08 月 12 日 17 时 36 分

工作单位、工作票号、第__号：执行一般规定。
1. 工作负责人：填写工作票的工作负责人。
2. 小组负责人、小组名称、小组人员：填写本小组负责人姓名、小组名称（与分票顺序号相同）、所有人员的姓名，"共__人"不包括工作负责人、小组负责人。
3. 工作的线路或设备双重名称：填写本小组的工作线路电压等级、线路名称（变电站开关编号，包括 T 接变电站）；多回路应注明工作线路位置称号（共杆部分起止杆号）。
4. 工作任务
4.1 工作地点或地段：本小组具体工作地点或地段（填写执行一般规定）。不同工作地点、地段应分行填写。
4.2 工作内容：对应工作地点或地段，填写具体的工作内容。
5. 计划工作时间：填写工作票的工作负责人安排的工作时间。
6. 安全措施
6.1 注意事项：针对保留带电线路设备以及本小组工作内容、使用的机具和作业场景，需要本小组完成的各项安全措施。
6.2 小组负责人复核情况：小组负责人逐项确认落实，并手工填写复核情况。
  分票签发：工作票签发人审核 1-6 项内容正确完备后，签名并填写签发时间。小组负责人收到分票复核无误后，签名并填写收到时间。
7. 工作许可：小组负责人得

7. 确认本工作票1-6项，许可工作开始

许可方式	许可人	小组负责人签名	许可工作的时间
电话许可	刘×鹏	李×宜	2022 年 08 月 13 日 09 时 20 分

8. 确认小组负责人布置的任务和安全措施

小组人员签名：张×忠　严×勇　向×平　王×贤　童×龙　陈×健　王×武　王×权　王×光　杜×保　彭×本　杜×红　冉×安　冯×建　鲁×富　向×金

9. 小组工作于 *2022* 年 *08* 月 *14* 日 *16* 时 *18* 分结束，现场临时安全措施已拆除，材料、工具已清理完毕，小组人员已全部撤离。

工作终结报告

终结报告方式	许可人	小组负责人签名	终结报告时间
电话报告	刘×鹏	李×宜	2022 年 08 月 14 日 16 时 20 分

10. 备注

10.1 指定专责监护人 *张×忠* 负责监护 *王×贤，#52-#53 跨越 500kV 葛洲坝接地极，紧挂线与带电线路保持 2.5m 以上安全距离*（人员、地点及具体工作）

　　指定专责监护人 *严×勇* 负责监护 *向×平、王×贤、童×龙、王×武，#53 塔，高空作业*（人员、地点及具体工作）

10.2 工作人员变动情况

增添人员姓名	日	时	分	小组负责人	离去人员姓名	日	时	分	小组负责人
向×金	14	09	10	李×宜	陈×健	13	15	30	李×宜

10.3 　每日开工和收工时间（使用一天的工作票不必填写）

收工时间				小组负责人	工作许可人	开工时间				工作许可人	小组负责人
月	日	时	分			月	日	时	分		
08	13	17	20	李×宜	刘×鹏	08	14	08	35	刘×鹏	李×宜

10.4 　新增工作任务

工作地点及设备双重名称	工作内容	新增工作任务时间				签发人	许可人
		月	日	时	分		

10.5 　其他事项：*无*

到工作负责人的许可令后，填写许可方式、许可人、许可工作的时间，并签名确认。采取电话许可时由小组负责人代许可人签名。

8. 确认小组负责人布置的任务和安全措施：小组负责人向本小组人员交待工作任务及安全措施，全体小组人员确认后签名。

9. 工作终结：工作完毕后，小组负责人确认现场临时安全措施已拆除、工具已清理完毕、小组人员已全部撤离后，填写工作结束时间，向工作票工作负责人报完工；经同意后，填写终结报告方式、终结报告时间，并与许可人分别签名。采取电话报告时，由小组负责人代许可人签名。

10. 备注

10.1 指定专责监护人：填写专责监护人姓名及其被监护人员、工作地点及具体工作。未设专责监护人时填写"/"。

10.2 工作人员变动情况：小组负责人填写本小组工作人员变动（增添、离去）情况、变动日期、时间并签名。

10.3 每日开工和收工时间：收工时间为本小组当日工作任务结束时间。

　　开工时间为本小组当日工作任务开始时间。

10.4 新增工作任务：根据原工作票新增工作任务，填写本小组的新增工作任务，由小组工作负责人填写工作地点及设备双重名称、工作内容、新增工作任务时间。"签发人""许可人"为分票签发人、许可人。

10.5 其他事项：需要说明的有关情况。没有时，填写"无"。

附录 B-2　电力线路分票格式及填写说明

宜昌三峡送变电工程有限责任公司（送电工程分公司）

电力线路分票（工作票号：检二 2022080001）第 02 号

填写说明：与电力线路分票（工作票号：检二 2022080001）第 01 号相同。

1. 工作负责人： 刘×鹍

2. 小组负责人： 谭×鹏 　小组名称： 第二小组

小组人员：计×建、夏×光、胡×勇、李×明、潘×权、夏×前、夏×连、夏×山、朱×福、袁×勇、唐×新、王×进、向×明、鲁×富、江×华 共 15 人

3. 工作的线路或设备双重名称： 220kV 长郭二回（长 12-郭 06）

4. 工作任务

4.1 工作地点或地段 （注明线路名称、起止杆号）	4.2 工作内容
220kV 长郭二回新#54	放线监护、附件安装

5. 计划工作时间：自 2022 年 08 月 13 日 07 时 00 分至 2022 年 08 月 14 日 18 时 00 分

6. 安全措施（必要时可附页绘图说明）

6.1 注意事项（安全措施）	6.2 小组负责人复核情况（手工填写）
每日应得到工作负责人的许可后方可开始当日工作；收工后应向工作负责人汇报。	已得到刘×鹍的许可后开始每日工作；每日收工后立即向刘×鹍汇报。
新#54 附件安装接触导线前使用个人保安线。	新#54附件安装前已在导地线上装设个人保安线。
新#54 上下塔人员每人配备双钩。	新#54 人员已配备双钩上下塔。
新#54 附件安装时，应配备防止掉线的"二道保护"设施。	新#54塔附件安装前，已设置防止掉线的"二道保护"。

分票签发人签名： 程×东 　2022 年 08 月 12 日 17 时 00 分

小组负责人签名： 谭×鹏 　2022 年 08 月 12 日 17 时 38 分

7. 确认本工作票 1-6 项，许可工作开始

许可方式	许可人	小组负责人签名	许可工作的时间
电话许可	刘×鹍	谭×鹏	2022 年 08 月 13 日 09 时 20 分

8. 确认小组负责人布置的任务和安全措施

小组人员签名：*计×建　夏×光　胡×勇　李×明　潘×权　夏×前*

夏×连　夏×山　朱×福　袁×勇　唐×新　王×进　向×明　鲁×富

江×华

9. 小组工作于 *2022* 年 *08* 月 *14* 日 *15* 时 *53* 分结束，现场临时安全措施已拆除、材料、工具已清理完毕，小组人员已全部撤离。

工作终结报告

终结报告方式	许可人	小组负责人签名	终结报告时间
电话报告	*刘×鹍*	*谭×鹏*	*2022* 年 *08* 月 *14* 日 *15* 时 *55* 分

10. 备注

10.1 指定专责监护人 *计×建* 负责监护 *夏×光、胡×勇、李×明、潘×权，* *#54塔，高空作业* （人员、地点及具体工作）

10.2 工作人员变动情况

增添人员姓名	日	时	分	小组负责人	离去人员姓名	日	时	分	小组负责人

10.3 每日开工和收工时间（使用一天的工作票不必填写）

收工时间				小组负责人	工作许可人	开工时间				工作许可人	小组负责人
月	日	时	分			月	日	时	分		
08	*13*	*17*	*42*	*谭×鹏*	*刘×鹍*	*08*	*14*	*08*	*35*	*刘×鹍*	*谭×鹏*

10.4 新增工作任务

工作地点及设备双重名称	工作内容	新增工作任务时间				签发人	许可人
		月	日	时	分		

10.5　其他事项：*无*

附录 B-2　电力线路分票格式及填写说明

宜昌三峡送变电工程有限责任公司（送电工程分公司）

电力线路分票（工作票号：检二 2022080001）第 03 号

填写说明：与电力线路分票（工作票号：检二 2022080001）第 01 号相同。

1. 工作负责人：刘×鹃
2. 小组负责人：徐×光　　小组名称：第三小组
　　小组人员：梅×琪、龚×园、黄×俭、张×辉、唐×辉、夏×虎、刘×学、刘×伟、龚×清、刘×福、李×华、龚×波、向×文、张×成、张×俊
共 15 人
3. 工作的线路或设备双重名称：220kV 长郭二回（长 12-郭 06）
4. **工作任务**

4.1 工作地点或地段 （注明线路名、起止杆号）	4.2 工作内容
220kV 长郭二回新#53-新#55	导地线更换#55 牵引场作业、紧挂线
220kV 长郭二回新#55-原#56	导地线利旧、紧挂线

5. 计划工作时间：自 2022 年 08 月 13 日 07 时 00 分至 2022 年 08 月 14 日 18 时 00 分
6. 安全措施（必要时可附页绘图说明）

6.1 注意事项（安全措施）	6.2 小组负责人复核情况（手工填写）
每日应得到工作负责人的许可后方可开始当日工作；收工后应向工作负责人汇报。	已得到刘×鹃的许可后开始每日工作；每日收工后立即向刘×鹃汇报。
新#55 挂线前用导体将绝缘子串短接。	新#55 挂线前已用导体将绝缘子串短接。
#55 耐张塔脚钉腿应设置攀登绳。	#55 耐张塔脚钉腿已设攀登绳。
#55 塔紧挂线前，横担大小号侧应平衡锚线，确保紧挂线过程中应采取平衡挂线方式，并配备"二道保护"设施。	#55 塔紧挂线采取平衡锚线，已配备"二道保护"。

　　分票签发人签名：程×东　2022 年 08 月 12 日 17 时 00 分
　　小组负责人签名：徐×光　2022 年 08 月 12 日 17 时 39 分

7. 确认本工作票 1-6 项，许可工作开始

许可方式	许可人	小组负责人签名	许可工作的时间
电话许可	刘×鹏	徐×光	2022 年 08 月 13 日 09 时 20 分

8. 确认小组负责人布置的任务和安全措施

小组人员签名： 梅×琪 龚×国 黄×俭 张×辉 唐×辉 夏×虎 刘×学 刘×伟 龚×清 刘×福 李×华 龚×波 向×文 张×成 张×俊

9. 小组工作于 2022 年 08 月 14 日 16 时 56 分结束，现场临时安全措施已拆除，材料、工具已清理完毕，小组人员已全部撤离。

工作终结报告

终结报告方式	许可人	小组负责人签名	终结报告时间
电话报告	刘×鹏	徐×光	2022 年 08 月 14 日 16 时 58 分

10. 备注

10.1 指定专责监护人 梅×琪 负责监护 张×辉、唐×辉、夏×虎、刘×学， #55 塔，高空作业 （人员、地点及具体工作）

10.2 工作人员变动情况

增添人员姓名	日	时	分	小组负责人	离去人员姓名	日	时	分	小组负责人

10.3 每日开工和收工时间（使用一天的工作票不必填写）

收工时间			小组负责人	工作许可人	开工时间				工作许可人	小组负责人
月	日	时	分			月	日	时	分		
08	13	17	38	徐×光	刘×鹏	08	14	08	35	刘×鹏	徐×光

10.4 新增工作任务

工作地点及设备双重名称	工作内容	新增工作任务时间				签发人	许可人
		月	日	时	分		

10.5 其他事项：无

附录 B-3　电力线路第二种工作票格式及填写说明

宜昌三峡送变电工程有限责任公司(送电工程分公司)

电力线路第二种工作票（检一）字第 2022080001 号

1. 工作负责人（监护人）：<u>向×文</u>　　班组：<u>检修一班</u>
2. **工作班人员（不包括工作负责人）**
<u>李×文、赵×枝、李×春、赵×华、杨×建、张×生</u>　　　　　　　共 <u>6</u> 人
3. **工作任务**（说明工作地段或地点的线路及设备名称、起止杆号及相关工作内容）

线路或设备名称	工作地点、范围	工作内容
220kV 车桔线	新#10	人工挖孔基坑开挖、钢筋绑扎、浇筑

4. 计划工作时间：自 <u>2022</u> 年 <u>08</u> 月 <u>08</u> 日 <u>07</u> 时 <u>00</u> 分至 <u>2022</u> 年 <u>08</u> 月 <u>15</u> 日 <u>18</u> 时 <u>00</u> 分
5. 注意事项（安全措施）

5.1 注意事项（安全措施）	5.2 工作负责人复核情况（手工填写）
作业人员、工器具、材料等应与 220kV 车桔线保持不小于 6.0m 的安全距离；严禁攀登 220kV 车桔线带电线路杆塔。	新 10#基坑开挖、钢筋绑扎、浇筑过程中李×文监护，监护作业人员、工器具、材料等应与 220kV 车桔线实际距离为 15m，严禁攀登杆塔。
电气设备、配电箱外壳应接地，电动设备应"一机一闸一保护"。	现场电气设备、配电箱外壳已可靠接地，电动设备"一机一闸一保护"配置齐全。
有限空间作业，执行"先通风、再检测、后作业"要求。	现场已配备合格的气体检测仪，每天进入基坑工作前应先通风 10 分钟以上，检测空气合格后开始作业。
作业人员上下基坑应用安全带、速差自锁器，沿软梯上下，不得乘坐提土装置上下。	现场软梯、安全带、速差自锁器已配置齐全，作业人员沿软梯上下。

工作票签发人签名：<u>程×东</u>　　<u>2022</u> 年 <u>08</u> 月 <u>07</u> 日 <u>16</u> 时 <u>20</u> 分
工作票双签发人签名：<u>杨×帆</u>　　<u>2022</u> 年 <u>08</u> 月 <u>07</u> 日 <u>16</u> 时 <u>26</u> 分
工作负责人签名：<u>向×文</u>　　<u>2022</u> 年 <u>08</u> 月 <u>07</u> 日 <u>16</u> 时 <u>36</u> 分

工作单位、工作票编号：填写执行一般规定。

1. 工作负责人（监护人）、班组：填写班组工作负责人姓名；工作班人员名称（多个班组进行工作时，则依次填写班组名称）。

2. 工作班人员栏：填写工作班全体人员姓名；"共__人"填写工作班人员总人数（不包括工作负责人）。

3. 工作任务
　　线路或设备名称：填写工作线路或设备的电压等级和名称。工作线路仅限为分支线时，填写主线和分支线名称。
　　工作地点、范围：填写工作线路的起止杆号，或工作设备所在地点的名称或杆塔编号。不同线路设备应分行填写。
　　工作内容：对应工作地点范围，填写具体工作内容。

4. 计划工作时间：填写批准的检修时间。

5. 注意事项（安全措施）
　　注意事项（安全措施）：填写执行一般规定。
　　工作负责人复核情况：工作负责人现场逐项确认落实，并手工填写复核情况。
　　工作票签发人签名：工作票签发人确认 1-5 项后签名，并填写签发的具体时间。
　　工作票双签发人签名：双签发单位工作票签发人确认签名，并填写签发的具体时间。无需"双签发"时，空格处填"/"。
　　工作负责人签名：工作负责人收到已签发的工作票后，应再次审查无疑问后，签名并填写收到工作票的时间。

6. 工作许可：许可的线路名称栏中按不同的线路设备管理单位许可权限分行填写线路电压等级、线路名称；许可

6. 确认本工作票1-5项，许可工作开始

许可的线路名称	许可方式	工作许可人	工作负责人签名	许可工作的时间
/				

7. 确认工作负责人布置的任务和安全措施

工作班（组）人员签名：_李×文　赵×枝　李×春　赵×华　杨×建_
_张×生　王×林_

8. 工作开始时间：_2022_ 年 _08_ 月 _08_ 日 _07_ 时 _22_ 分　工作负责人签名：_向×文_

工作完工时间：_2022_ 年 _08_ 月 _15_ 日 _17_ 时 _46_ 分　工作负责人签名：_向×文_

9. 工作票延期：有效期延长到 _____ 年 ___ 月 ___ 日 ___ 时 ___ 分

工作票签发人签名：_____　　　年 ___ 月 ___ 日 ___ 时 ___ 分

10. 工作终结报告

终结的线路名称	终结报告方式	工作许可人	工作负责人签名	终结报告时间
/				

11. 备注

11.1 指定专责监护人 _李×文_ 负责监护 _赵×华_，_新#10 基础开挖基础，挖机与上方 220kV 车桔线保持不小于 6.0m 的安全距离。_（人员、地点及具体工作）

11.2 工作人员变动情况

增添人员姓名	日	时	分	工作负责人	离去人员姓名	日	时	分	工作负责人
王×林	14	09	10	向×文	杨×建	13	15	30	向×文

11.3 其他事项：_无_____

_____

_____

_____

方式填写"电话许可"或"当面许可"；工作许可人、工作负责人、许可时间由工作负责人据实填写。无需许可时，各空格中打"/"。

7. 确认工作负责人布置的任务和安全措施： 召开班前会，每位工作班人员确认签名。

8. 工作开始时间： 工作负责人填写工作开始日发布开工令的时间并签名。

工作完工时间：工作负责人填写工作线路上的完工日收工时间并签名。

9. 工作票延期： 填写工作票签发人批准的有效延长期时间；无法当面办理手续时，工作负责人代工作票签发人签名并填写具体时间。代为签名时，在其后加（代）。

10. 工作终结报告： 终结的线路名称栏中按不同的线路设备管理单位分行填写线路电压等级、线路名称；终结方式填写"电话报告"或"当面报告"；工作许可人、工作负责人、终结报告时间由工作负责人据实填写。无需许可的工作，本栏各空格中打"/"。

11. 备注

11.1 指定专责监护人： 填写专责监护人姓名及其被监护人员、工作地点及具体工作。没有专责监护时填写"/"。

11.2 工作人员变动情况： 工作负责人填写增添、离去工作人员姓名及具体时间并签名。新增工作人员需履行安全交底并在工作班组人员签名栏中确认签名。

11.3 其他事项： 其他需要说明的有关情况。没有填写"无"。

附录 B-4　　电力线路带电作业工作票格式及填写说明

国网宜昌供电公司（输电运检分公司）

电力线路带电作业工作票（带电）字第 2022080001 号

1. 工作负责人（监护人）：__王×胜__　班组：__带电作业班__
2. 工作班人员（不包括工作负责人）：__王×斌、黄×雷、袁×刚、赵×根__
共 __4__ 人
3. **工作任务**

线路或设备名称	工作地点、范围	工作内容
220kV 龙湾一回	#32、#33、#46、#67	更换防鸟刺

4. 计划工作时间：自 __2022__ 年 __08__ 月 __23__ 日 __08__ 时 __00__ 分至 __2022__ 年 __08__ 月 __24__ 日 __18__ 时 __00__ 分
5. **停用重合闸线路**（应填写线路名称或设备双重名称）
__220kV 龙湾一回（龙 232-湾 228）__
6. **工作条件**（等电位、中间电位或地电位作业，或邻近带电设备名称）
__地电位作业，邻近 220kV 龙湾一回__
7. **注意事项**（安全措施）

7.1 注意事项（安全措施）	7.2 工作负责人复核情况（手工填写）
更换防鸟刺工作须采取退出重合闸措施。	开工前已得到调控许可人许可，履行停用重合闸手续后开始工作。
杆塔上作业人员、工器具、材料等与带电体之间的安全距离不得小于 1.8m。上下传递物件应使用绝缘无极绳。	杆塔上作业过程中王×斌负责监护，监护人员、工器具、材料等与带电体之间的实际距离为 3.0m，并已配备绝缘绳。
登高人员需配备双钩。	现场登高人员已配备双钩。

　　　工作票签发人签名：__程×东__　__2022__ 年 __08__ 月 __22__ 日 __16__ 时 __40__ 分
　　　工作票双签发人签名：__／__　__／__ 年 __／__ 月 __／__ 日 __／__ 时 __／__ 分
8. 确认本工作票 1-7 项
　　　工作负责人签名：__王×胜__　__2022__ 年 __08__ 月 __22__ 日 __16__ 时 __45__ 分
9. 工作许可
　　　调度（设备运维管理单位）许可人 __吴×超__　许可时间 __2022__ 年 __08__ 月 __23__ 日 __09__ 时 __08__ 分
　　　工作负责人签名：__王×胜__　__2022__ 年 __08__ 月 __23__ 日 __09__ 时 __10__ 分

工作单位、工作票编号：填写执行一般规定。
1. 工作负责人（监护人）、班组：填写班组工作负责人姓名；工作班组名称。
2. 工作班人员栏：填写工作班全体人员姓名；"共__人"填写工作班人员总人数（不包括工作负责人）。
3. 工作任务
　　线路或设备名称：填写工作线路设备的电压等级和名称。工作线路仅限为分支线时，填写主线和分支线名称。
　　工作地点、范围：填写线路工作地段的起止杆号，或工作设备所在地点的名称和杆塔编号。不同线路设备应分行填写。
　　工作内容：对应工作地点或设备，填写具体的工作内容。
4. 计划工作时间：填写批准的检修时间。
5. 停用重合闸线路：填写本次工作须停用重合闸的线路名称或设备双重名称。
6. 工作条件：填写本次带电作业的类别（等电位、中间电位、地电位），邻近带电设备只填写邻近带电设备的名称。
7. 注意事项（安全措施）
　　注意事项（安全措施）：填写执行一般规定。
　　工作负责人复核情况：工作负责人现场逐项确认落实，并手工填写复核情况。
　　工作票签发人签名：工作票签发人确认 1-7 项后签名，并填写签发的具体时间。
　　工作票双签发人签名：双签发单位工作票签发人确认

10. 补充安全措施（工作负责人填写）：<u>无</u>

11. **确认工作负责人布置的任务和安全措施**

工作班（组）人员签名：<u>王×斌　黄×雷　袁×刚　赵×根　孙×兴</u>

12. 工作终结汇报调度许可人（联系人）<u>吴×超</u>

工作负责人签名：<u>王×胜</u>　<u>2022</u>年<u>08</u>月<u>24</u>日<u>17</u>时<u>30</u>分

13. **备注**

13.1 指定专责监护人 <u>王×斌</u> 负责监护 <u>黄×雷、袁×刚，#32、#33、#46、#67 杆塔，作业时与 220kV 龙湾一回运行线路保持 1.8m 以上的安全距离。</u>（人员、地点及具体工作）

13.2 **工作人员变动情况**

增添人员姓名	日	时	分	工作负责人	离去人员姓名	日	时	分	工作负责人
孙×兴	24	9	10	王×胜	赵×根	23	16	30	王×胜

13.3 **每日开工和收工时间**（使用一天的工作票不必填写）

收工时间				工作负责人	工作许可人	开工时间				工作许可人	工作负责人
月	日	时	分			月	日	时	分		
08	23	17	18	王×胜	吴×超	08	24	08	58	吴×超	王×胜

13.4 其他事项：<u>无</u>

签名，并填写签发的具体时间。无需"双签发"时，空格处填写"/"。

8. 确认本工作票 1-7 项：工作负责人收到已签发的工作票，再次审查无疑问后，签名并填写时间。

9. 工作许可：工作负责人得到调度或设备运维管理单位许可人的工作许可时间，工作负责人确认后签名并填写具体时间。

10. 补充安全措施：工作负责人在现场根据实际情况填写需要补充的安全措施，若没有则填写"无"。

11. 确认工作负责人布置的任务和安全措施：召开班前会，每位工作班人员确认签名。

12. 工作终结：工作结束后，工作负责人向调度许可人（联系人）汇报，填写许可人（联系人）姓名和汇报时间并签名。

13. 备注

13.1 指定专责监护人：填写专责监护人姓名及其被监护人员、工作地点及具体工作。未设专责监护人时填写"/"。

13.2 工作人员变动情况：邻近带电设备的地电位工作，不须具备带电作业资格的工作班人员变更。工作负责人填写增添、离去工作人员姓名及具体时间并签名。

13.3 每日开工和收工时间：带电作业工作负责人每日应与调控许可人办理开工和收工手续。由工作负责人填写双方姓名及具体时间。

13.4 其他事项：其他需要说明的有关情况。没有填写"无"。

附录 B-5　电力线路事故紧急抢修单格式及填写说明

国网宜昌供电公司（输电运检分公司）

电力线路事故紧急抢修单（检二）字第 2022080001 号

1. 抢修工作负责人（监护人）：<u>胡×江</u>　　班组：<u>检修二班</u>
2. 抢修班人员（不包括抢修工作负责人）：<u>王×胜、徐×光、屈×熊、黄×</u>
<u>华、肖×清、赵×根、孙×兴</u>　　　　　　　　　　　　　　共 <u>7</u> 人
3. 抢修任务（抢修地点和抢修内容）
<u>220kV 雁麂二回（雁 04-麂 226）#26-#27 C 相导线断线抢修</u>
4. 安全措施（必要时可附页绘图说明）

4.1 应转为检修状态的线路间隔名称和应断开的断路器（开关）、拉开的隔离开关（刀闸）、取下的熔断器（保险）（包括分支线、用户线路和配合停电线路）	执行人
220kV 雁麂二回转为检修状态，断开雁 04、麂 226 开关，拉开雁 046 刀闸、麂 2266 刀闸	张×川

4.2 抢修地点保留带电部分

无

4.3 其他安全措施和注意事项	4.4 工作负责人复核情况（手工填写）
作业人员接触接近导线前应使用个人保安线。	作业人员接触接近导线前已应使用个人保安线。
#26、#27 塔上下塔人员每人配备双钩，塔上作业使用速差自锁器。	#26、#27 塔上下塔人员每人配备双钩，塔上作业已使用速差自锁器。
登杆前检查断线是否对杆塔基础、铁塔主材造成损伤。	登杆前已检查杆塔基础、铁塔主材未造成损伤。
连接导线时应将导线断线处大小号两侧锚固可靠，并配备"二道保护"设施。	导线连接时应将导线锚固可靠，并已设置"二道保护"措施。

4.5 应装设的接地线（注明具体装设位置及编号）

装设位置（线路名称及杆号）	接地线编号	装设时间	拆除时间
220kV 雁麂二回#24 小号侧	220kV #03	08 月 09 日 11 时 16 分	08 月 09 日 18 时 26 分
220kV 雁麂二回#28 大号侧	220kV #04	08 月 09 日 11 时 28 分	08 月 09 日 18 时 39 分

工作单位、抢修单编号：填写执行一般规定。
1. 抢修工作负责人（监护人）、班组：填写抢修工作负责人姓名；工作班组名称（多个班组进行工作时，则依次填写班组名称）。
2. 抢修班人员：填写抢修班全体人员姓名。"共__人"不包括抢修负责人。
3. 抢修任务：填写抢修线路、设备电压等级、双重名称、工作地点范围、工作内容。
4. 安全措施
4.1 应转为检修状态的线路间隔名称和应断开的断路器（开关）、拉开的隔离开关（刀闸）：填写应转为检修状态的线路名称，断开的断路器和拉开的隔离开关（刀闸）；应转为检修状态的配合停电线路名称，断开的断路器、拉开的隔离开关（刀闸）、取下的熔断器等。不同线路分行填写。
　采取电话许可时，执行栏中由工作负责人填写执行人（许可人）姓名。
4.2 抢修地点保留带电部分：填写执行一般规定。如没有则填写"无"。
4.3 其他安全措施和注意事项：填写执行一般规定。如没有则填写"无"。
4.4 工作负责人复核情况：工作负责人现场逐项确认落实，并手工填写复核情况。
4.5 应装设的接地线：抢修班组得到许可人的许可令后，填写工作班组在工作地段及配合停电线路上装设的接地线位置（线路名称、杆号及大、小号侧）、接地线编号、装设时间和拆除时间。
5. 抢修布置栏：抢修工作负责人确认 1-4 项后，填写抢修任务布置人的姓名及填写时间并签名。
6. 经现场勘察需补充下列安

5. 上述 1-4 项由抢修工作负责人 胡×江 根据抢修任务布置人 程×东 的布置填写。

填写时间：*2022* 年 *08* 月 *09* 日 *10* 时 *32* 分

6. 经现场勘察需补充下列安全措施

安全措施	工作负责人复核情况 （手工填写）
无	

经许可人（调度/运维人员）_____/_____ 同意（____/____ 月 ____/____ 日 _____ 时 _____ 分）后，已执行。

7. 许可抢修时间：*2022* 年 *08* 月 *09* 日 *11* 时 *05* 分　许可人（调度/运维人员）：*张×川*

8. 确认工作负责人布置的抢修任务和安全措施

工作班（组）人员签名：*王×胜　徐×光　屈×熊　黄×华　肖×清　赵×根　孙×兴*

9. 抢修结束汇报：本抢修工作于 *2022* 年 *08* 月 *09* 日 *18* 时 *45* 分结束

现场设备状况及保留安全措施：*220kV 雁麂二回#26-#27 C 相导线已恢复，工作地点所挂的接地线已经全部拆除，线路上已无本班组工作人员和遗留物，具备送电条件。*

现场装设的接地线编号 *220kV #03、220kV #04* 共 *2* 组，带到工作现场的个人保安线共 *3* 组，已全部拆除、带回。抢修班人员已全部撤离，工具材料已清理完毕，事故抢修单已终结。

抢修工作负责人签名：*胡×江* 许可人（调度/运维人员）*张×川*

汇报时间：*2022* 年 *08* 月 *09* 日 *18* 时 *50* 分

10. 备注

10.1 指定专责监护人 *王×胜* 负责监护 *徐×光、屈×熊、#26塔、高空作业* （人员、地点及具体工作）

指定专责监护人 *肖×清* 负责监护 *赵×根、孙×兴、#27塔、高空作业* （人员、地点及具体工作）

10.2 其他事项：*无*

11. 附图

220kV 雁麂二回

全措施：经现场勘察需补充的安全措施应得到许可人同意时，工作负责人应汇报许可人，将许可人姓名及同意时间填写在对应栏中。现场勘察无需补充安全措施，此栏填"无"。无需经许可人同意的，许可人姓名及时间栏填"/"。

工作负责人复核情况：工作负责人现场复核后手工填写复核情况。

7. 许可抢修时间：工作负责人得到许可人的抢修许可令后，填写许可抢修时间及许可人姓名。

8. 确认工作负责人布置的抢修任务和安全措施：召开班前会，抢修班全体人员确认签名。

9. 抢修结束汇报：填写事故抢修工作结束的具体时间。抢修工作负责人向工作许可人汇报可以恢复送电的情况，或转入事故检修的情况；填写现场设备状况及保留安全措施，现场接地线、个人保安线具体情况。汇报后填写工作许可人姓名、汇报时间并签名。

10. 备注

10.1 指定专责监护人：填写专责监护人姓名及其被监护人员、工作地点及具体工作。未设专责监护人时填写"/"。

10.2 其他事项：其他需要说明的有关情况。如：本次事故抢修工作结束，转入事故检修。没有填写"无"。

11. 附图：附图中应画出工作线路应断开的开关、刀闸，并注明名称和编号及工作地段的起止杆号；工作地段内须采取停电措施的邻近线路（设备）；所装设接地线的编号和装设位置（线路名称、杆号及大、小号侧）。工作地段保留的带电设备；工作线路同杆架设、邻近平行、交叉跨（穿）越的其他电力线路（电压等级、线路名称及地点）等。

附录 C-1　电力电缆第一种工作票格式及填写说明

国网宜昌供电公司（输电电缆运检分公司）

电力电缆第一种工作票（电缆二）字第 2022080001 号
本工作票依据（地）调字（2022080177）号设备检修票许可

1. 工作负责人（监护人）：<u>杨×洲</u>　　　班组：<u>电缆运检二班</u>
2. 工作班人员（不包括工作负责人）：<u>毛×彬、姚×辰、李×然、邓×罡、</u>
<u>李×波、黄×柱、陈×超、陈×华、谭×忠、白×超、田×高</u>　共<u>11</u>人
3. 电力电缆名称
<u>220kV 李民线（李 01-民 01）</u>
4. 工作任务

工作地点或地段	工作内容
220kV 民生变电站民 016 刀闸线路侧	更换 C 相电缆终端

5. 计划工作时间：自 <u>2022</u> 年 <u>08</u> 月 <u>15</u> 日 <u>08</u> 时 <u>00</u> 分至 <u>2022</u> 年 <u>08</u> 月 <u>16</u> 日 <u>18</u> 时 <u>00</u> 分
6. 安全措施（必要时可附页绘图说明）

6.1 应断（拉）开的设备名称、应装设绝缘挡板

变（配）电站或线路名称	应断开的断路器（开关）、拉开的隔离开关（刀闸）、取下的熔断器（保险）以及应装设的绝缘挡板（注明设备双重名称）。	执行人	已执行
220kV 李家墩变电站	断开李 01 开关，拉开李 016 刀闸。	刘×华	√
220kV 民生变电站	断开民 01 开关，拉开民 016 刀闸。	刘×华	√

6.2 应推上接地刀闸或应装接地线

接地刀闸双重名称或接地装设地点	接地线编号	执行人
推上 220kV 李家墩变电站李 019 接地刀闸	/	刘×华
推上 220kV 民生变电站民 019 接地刀闸	/	刘×华
220kV 李民线 021#塔小号侧	J44	杨×洲

6.3 应设遮栏，应挂标示牌

在 220kV 李家墩变电站李 01 开关把手，李 016 刀闸把手处设遮栏，悬挂"禁止合闸，线路有人工作"标示牌。	涂×超

工作单位、工作票编号、检修申请票编号：执行一般规定。
1. 工作负责人（监护人）、班组：填写班组工作负责人姓名；工作班组名称［多个班组综合检修（施工）时，填写检修（施工）单位名称］。
2. 工作班人员：填写工作班全体人员姓名；采用总分票作业时，填写每张分票负责人姓名及分票总人数，并用分号分开。"共__人"填写工作班人员总人数（不包括工作负责人）。
3. 电力电缆名称：填写工作的电力电缆的电压等级、双重名称。
4. 工作任务
工作地点或地段：填写本次工作具体的工作地段两端（或工作地点）设备设施的名称、编号。
工作内容：对应工作地点或地段，填写具体工作内容。
5. 计划工作时间：填写批准的检修期限。
6. 安全措施
6.1 应断（拉）开的设备名称、应装设绝缘挡板：变电站或线路的名称（包括配合停电线路），工作范围内应断开的断路器和拉开的隔离刀闸名称编号。不同变电站和线路应分行填写。
执行人：工作许可人逐项确认签名并打"√"。电话许可时由工作负责人填写许可人姓名并打"√"
6.2 应推上接地刀闸或应装接地线：填写应推上的所有接地刀闸的名称及编号，并按电压等级分行；应装设接地线（绝

在 220kV 民生变电站民 01 开关把手，民 011、民 012、民 016 刀闸把手悬挂"禁止合闸，线路有人工作"标示牌在民 01 间隔电缆终端四周设遮栏。	涂×超

6.4 工作地点保留带电部分或注意事项（工作票签发人填写）	**6.5 补充工作地点保留带电部分和安全措施（由工作许可人填写）**
无	无

工作票签发人签名：<u>杨×斌</u> <u>2022</u>年<u>08</u>月<u>14</u>日<u>17</u>时<u>00</u>分

工作票双签发人签名：<u>/</u> <u>/</u>年<u>/</u>月<u>/</u>日<u>/</u>时<u>/</u>分

7. 确认本工作票 1-6 项，工作负责人签名 <u>杨×洲</u>

8. 补充安全措施：*220kV李民线#021同杆架设的220kV李展线（右线：#021）带电，装设工作接地线时应设置专责监护人，作业人员、工器具材料等应与带电线路保持不小于3.0m的安全距离。*

　　　　工作负责人签名：<u>杨×洲</u>

9. 工作许可

9.1 在线路上电缆工作部分（调控或电缆设备运维人员许可）

　　工作许可人 *刘×华* 用 *电话许可* 方式许可，自 *2022* 年 *08* 月 *15* 日 *08* 时 *10* 分起开始工作。

　　工作负责人签名：<u>杨×洲</u>

9.2 在变（配）电站或发电厂内电缆工作部分（变、配电站或发电厂运维人员许可）

　　安全措施项所列措施中 *220kV民生变电站* （变电站/发电厂）部分已执行完毕。

　　工作许可时间 *2022* 年 *08* 月 *15* 日 *09* 时 *00* 分

　　工作许可人签名：<u>涂×超</u>　工作负责人签名：<u>杨×洲</u>

10. 确认工作负责人布置的工作任务和安全措施

　　工作班（组）人员签名：<u>毛×彬 姚×辰 李×然 邓×里 李×波 黄×柱 陈×超 陈×华 谭×忠 白×超 田×高</u>

11. 工作票延期

　　经调度员 *刘×华* 同意，有效期延长到 *2022* 年 *08* 月 *17* 日 *18* 时 *00* 分

　　工作负责人签名：<u>杨×洲</u> *2022* 年 *08* 月 *16* 日 *17* 时 *30* 分

　　工作许可人签名：<u>涂×超</u> *2022* 年 *08* 月 *16* 日 *17* 时 *32* 分

12. 工作负责人变动

　　原工作负责人 *杨×洲* 离去，变更 *陈×曦* 为工作负责人。

　　工作票签发人 *杨×斌* *2022* 年 *08* 月 *16* 日 *19* 时 *00* 分

13. 工作终结

13.1 在线路上电缆工作部分

　　工作人员已全部撤离，材料工具已清理完毕，工作终结；在 *220kV李民*

缘罩）的具体地点和组数，并按装设地点分行。不需接地时，此栏填写"/"。

　　执行人：工作许可人逐项确认，电话许可时由工作负责人填写许可人姓名；工作班完成的接地措施由工作负责人填写接地线编号并签名。

6.3 应设遮栏、应挂标示牌： 填写应设遮栏和具体范围（含变电站及线路部分），应挂标示牌的设备名称及部位。措施执行完毕后，执行人在执行栏内签名。没有时则填写"/"。

6.4 工作地点保留带电部分或注意事项： 填写执行一般规定。

6.5 补充工作地点保留带电部分和安全措施： 工作许可人逐项确认与现场实际是否相符，补充完善相关安全措施。没有补充则填写"无"。

　　工作票签发人签名： 工作票签发人确认 1-6 后签名，并填写签发的具体时间。

　　工作票双签发人签名： 双签发单位工作票签发人确认签名，并填写签发的具体时间。无需"双签发"时，此栏空格处填"/"。

7. 工作负责人签名： 工作负责人收到工作票后，确认 1-6 项内容填写正确完备后签名。

8. 补充安全措施： 工作负责人根据工作现场实际情况，核查工作票签发人填写的工作票内容是否正确完备；如有补充意见，与工作票签发人确认后，手工填写需要补充的安全措施并签名；如果没有则填写"无"并签名。

9. 工作许可

9.1 在线路上电缆工作部分： 工作负责人按照工作许可人通知的许可时间，填写工作许

线#021塔小号侧所装的3744号工作接地线共1副已全部拆除，于2022年08月17日16时00分工作负责人向工作许可人刘×华用电话方式汇报。

工作负责人签名 陈×曦

13.2 在变（配）电站或发电厂内电缆工作部分

在220kV民生变电站（变、配电站或发电厂）工作于2022年08月17日15时00分结束，设备及安全措施已恢复至开工状态，作业人员已全部撤离，材料工具已清理完毕。

工作许可人签名：涂×超　工作负责人签名：陈×曦

14. 工作票终结

临时遮栏、标示牌已拆除，常设遮栏已恢复；未拆除的接地线编号 / 等共 / 组、未拉开的接地刀闸（小车）民019共1副（台），已汇报调度值班员 刘×华。

工作许可人签名：涂×超 2022年08月17日15时30分

15. 备注

15.1 指定专责监护人 姚×辰 负责监护 李×然，#021杆塔（同杆的孝展线带电），装设和拆除接地线 （人员、地点及具体工作）

15.2 工作人员变动情况

增添人员姓名	日	时	分	工作负责人	离去人员姓名	日	时	分	工作负责人

15.3 每日开工和收工时间（使用一天的工作票不必填写）

收工时间				工作负责人	工作许可人	开工时间				工作许可人	工作负责人
月	日	时	分			月	日	时	分		
08	15	18	40	杨×洲	涂×超	08	16	08	30	涂×超	杨×洲
08	16	08	30	陈×曦	涂×超	08	7	08	40	涂×超	陈×曦

可人的姓名、许可方式及许可工作时间并签名。

9.2 在变（配）电站或发电厂内电缆工作部分：进入到变（配）电站或发电厂内进行工作，由该变电站（发电厂）运维人员许可。变电站工作许可人确认安全措施执行完毕后填写变电站名称及许可时间，与工作负责人分别签名。

10. 工作班（组）人员签名：召开班前会，工作班全体人员确认签名。

11. 工作票延期：填写调度员批准的有效延期时间；工作负责人、工作许可人分别确认签名并填写办理延期时间。电话办理时，工作负责人与工作许可人分别在各自工作票中填写相关内容。

12. 工作负责人变动：填写原工作负责人和新工作负责人姓名，工作票签发人确认后签名。若工作票签发人无法当面办理时，工作负责人得到工作票签发人同意后代签名，并在其后加（代）。

13. 工作终结

13.1 在线路上电缆工作部分：工作负责人与电缆设备运维许可人办理工作终结手续，填写已拆除工作接地线编号及组数（没有时填写"/"）、工作许可人姓名及汇报方式、汇报时间并签名。

13.2 在变（配）电站或发电厂内电缆上工作部分：工作许可人验收合格后，工作负责人填写变、配电站或发电厂名称、工作结束时间，与工作许可人分别签名。工作负责人的工作票告终结。

14. 工作票终结：变、配电站（发电厂）工作许可人填写未拆除（未拉开）的接地线（地

15.4 新增工作任务

工作地点及设备双重名称	工作内容	新增工作任务时间				工作票签发人	工作许可人
		月	日	时	分		

15.5 其他事项：无

刀）编号及数量（没有时填写“/”），向值班调度员汇报后，填写调度员姓名、工作票终结时间并签名。（工作负责人持有的工作票可不填写）

15. 备注

15.1 指定专责监护人：填写专责监护人姓名及其被监护人员、工作地点及具体工作。未设专责监护人时填写“/”。

15.2 工作人员变动情况：工作负责人填写增添、离去工作人员姓名及具体时间并签名。分小组作业时的人员变动由小组负责人在分票中填写。

15.3 每日开工和收工时间：在变、配电站或发电厂电气设备区工作时，应与变（配）电站或发电厂工作许可人办理收（开）工手续。

同一电气连接的电缆检修与试验分别办理工作票时，检修工作票收回进行电气试验工作，应记录检修票的收、开工时间。

当面办理时，由工作许可人填写；电话办理时，由工作负责人填写。无需办理本栏填写“/”。

15.4 新增工作任务：工作负责人填写工作地点及设备双重名称、工作内容、新增工作任务时间，工作票签发人、工作许可人同意后签名确认。

15.5 其他事项：需要说明的有关情况。没有其他事项时，填写“无”。

附录 C-2　　电力电缆第二种工作票格式及填写说明

国网宜昌供电公司（输电电缆运检分公司）

电力电缆第二种工作票（电缆二）字第 2022080005 号

1. 工作负责人（监护人）：<u>杨×洲</u>　　班组：<u>电缆运检二班</u>

2. 工作班人员（不包括工作负责人）：<u>李×然、李×波、黄×柱</u>　共 <u>3</u> 人

3. **工作任务**（说明工作地段或地点的电力电缆双重名称、杆塔号及相关工作内容）

电力电缆双重名称	工作地点或地段	工作内容
220kV 李民线（李 01-民 01）	民 016 刀闸线路侧	电缆头测温、环流检测

4. 计划工作时间：自 <u>2022</u> 年 <u>08</u> 月 <u>03</u> 日 <u>09</u> 时 <u>00</u> 分至 <u>2022</u> 年 <u>08</u> 月 <u>03</u> 日 <u>18</u> 时 <u>00</u> 分

5. **工作条件和安全措施**

5.1 工作条件和安全措施	5.2 工作负责人复核情况（手工填写）
人员与 220kV 电缆头及裸露部分保持 3m 以上安全距离。	人员与 220kV 电缆头及裸露部分实际距离大于 5m。

　　工作票签发人签名：<u>毛×彬</u>　<u>2022</u> 年 <u>08</u> 月 <u>02</u> 日 <u>18</u> 时 <u>00</u> 分

　　工作票双签发人签名：<u>/</u>　<u>/</u> 年 <u>/</u> 月 <u>/</u> 日 <u>/</u> 时 <u>/</u> 分

6. 确认本工作票 1-5 项

　　工作负责人签名：<u>杨×洲</u>

7. 补充安全措施（工作许可人填写）

<u>无</u>

8. 工作许可

8.1 在线路上电缆工作部分（调控或电缆设备运维人员许可）

　　工作许可人 <u>/</u> 用 <u>/</u> 方式许可，自 <u>/</u> 年 <u>/</u> 月 <u>/</u> 日 <u>/</u> 时 <u>/</u> 分起开始工作。

　　工作负责人签名：<u>/</u>

8.2 在变（配）电站或发电厂内电缆工作

　　安全措施项所列措施中 <u>220kV 民生变电站</u>（变、配电站/发电厂）部分，已执行完毕。

　　许可时间 <u>2002</u> 年 <u>08</u> 月 <u>03</u> 日 <u>09</u> 时 <u>00</u> 分

工作单位、工作票编号：执行一般规定。

1. 工作负责人（监护人）、班组：填写班组工作负责人姓名；工作班组名称（多个班组进行工作时，则依次填写班组名称）。

2. 工作班人员：工作班所有人员姓名；"共__人"填写工作班人员总人数（不包括工作负责人）。

3. 工作任务

　　电力电缆双重名称：填写工作的电力电缆的电压等级、双重名称。

　　工作地点或地段：填写具体的工作地段两端（或工作地点）设备设施的名称、编号。

　　工作内容：对应工作地点或地段，填写具体工作内容。

4. 计划工作时间：批准的检修期限。

5. 工作条件和安全措施

5.1 工作条件和安全措施：填写电力电缆的敷设方式（如电缆沟、电缆隧道、地埋电缆或架空电缆等）以及邻近其他的带电设备或带电体。针对工作任务、工作条件和工作场景等情况，提出切实可行的安全措施和注意事项。

5.2 工作负责人复核情况：工作负责人现场逐项确认落实，并手工填写复核情况。

　　工作票签发人签名：工作票签发人确认 1-5 项后签名，并填写具体的签发时间。

　　工作票双签发人签名：双签发单位工作票签发人确认签名，并填写签发的具体时间。无需"双签发"时，空格处填写"/"。

工作许可人签名：_涂×超_　　工作负责人签名：_杨×洲_

8.3 工作开始时间 **2022** 年 **08** 月 **03** 日 **09** 时 **10** 分

工作负责人签名：_杨×洲_

9. 确认工作负责人布置的任务安全措施

工作班（组）人员签名：_李×然　李×波　黄×柱_

10. 工作票延期：有效期延长到_____年____月___日____时____分

工作负责人签名：_____年____月____日____时____分

工作许可人签名：_____年____月____日____时____分

11. 工作票终结

11.1 在线路上电缆工作部分（向调控或电缆设备运维人员汇报终结）

工作许可人__／__汇报方式__／__终结时间__／__年__／__月__／__日
__／__时__／__分

工作负责人签名：___／___

11.2 在 **220kV 民生变电站**（变、配电站/发电厂）内的电缆工作于 **2022** 年 **08** 月 **03** 日 **11** 时 **45** 分结束，工作人员已全部撤离，材料工具已清理完毕。

工作负责人签名：_杨×洲_　　工作许可人签名：_涂×超_

12. 备注

12.1 指定专责监护人___／___负责监护___／___人员、地点及具体工作）

12.2 工作人员变动情况

增添人员姓名	日	月	分	工作负责人	离去人员姓名	日	时	分	工作负责人

12.3　每日开工和收工时间（使用一天的工作票不必填写）

收工时间				工作负责人	工作许可人	开工时间				工作许可人	工作负责人
月	日	时	分			月	日	时	分		

6. 工作负责人：工作负责人收到已签发的工作票后，审查1-5项正确完备后签名。

7. 补充安全措施：在变、配电站（发电厂）工作时，由工作许可人手工填写补充的安全措施。如安全围栏的设置、警示牌设置、邻近带电设备位置及其他安全事项等。

8. 工作许可

8.1 在线路上电缆工作：工作负责人填写许可人姓名、许可方式及许可时间并签名。无需线路设备管理单位许可时填写"／"。

8.2 在变（配）电站或发电厂内电缆工作：工作许可人确认安全措施执行完毕后填写变、配电站名称及许可时间，与工作负责人分别签名。不进入变、配电站（发电厂）工作，空格处填写"／"。

8.3 工作开始时间：工作负责人填写工作实际开始时间并签名。

9. 工作班（组）人员签名：召开班前会，工作班全体人员确认签名。

10. 工作票延期：填写工作票签发人批准的有效延长期时间；工作负责人与工作许可人分别确认签名并填写办理时间。工作许可人无法当面办理时，工作负责人代为签名，并在其后加（代）。

11. 工作票终结

11.1 在线路上电缆工作部分：由工作负责人填写许可人姓名、汇报方式、终结时间，并签名。无需办理许可手续的，由工作负责人向签发人汇报填写工作结束时间并签名；工作许可人栏填写"／"。

11.2 在变、配电站（发电厂）的电缆上工作部分：由工作负

12.4 新增工作任务

工作地点及设备双重名称	工作内容	新增工作任务时间				工作票签发人	工作许可人
		月	日	时	分		

12.5 其他事项：无 _____

_____

_____

_____

_____

_____

_____

_____

_____

_____

_____

_____

_____

_____

_____

_____

_____

_____

_____

_____

_____

责人与该站（厂）运维人员办理工作票终结手续。填写结束时间，并与工作许可人分别签名。

12. 备注

12.1 指定专责监护人：填写专责监护人姓名及其被监护人员、工作地点及具体工作。没有专责监护时填写"/"。

12.2 工作人员变动情况：工作负责人填写增添、离去工作人员姓名及具体时间并签。新增工作人员还需履行安全交底并在工作班组人员签名栏中确认签名。

12.3 每日开工和收工时间：在变、配电站内电气设备区工作时，应与变（配）电工作许可人办理收（开）工手续；由工作许可人填写每次工作间断的开工、收工时间；电话办理时，由工作负责人填写相关内容，并代签名，其后加（代）。无需办理工作许可手续的工作，本栏填写"/"。

12.4 新增工作任务：工作负责人填写工作地点及设备双重名称、工作内容、新增工作任务时间，工作票签发人、工作许可人同意后签名确认。

12.5 其他事项：其他需要说明的有关情况。没有其他事项时，填写"无"。

国网宜昌供电公司（城区供电中心）

配电第一种工作票（配检二）字第（2022080001）号

本工作票依据（配）调字（2022080003）号设备检修票许可

1. 工作负责人：　黄×翔　　　　　班组：　配网检修二班

2. 工作班人员（不包括工作负责人）：　张×峰等6人；熊×江等7人
共　13　人

3. **工作任务**

工作地点或设备［注明变（配）电站、线路名称、设备双重名称及起止杆号］	工作内容
220kV 桔城变电站桔 596 刀闸至 10kV 桔梅二回（左线）#01 杆	敷设新电缆、制作电缆终端头、电缆试验及搭火，原旧电缆拆除
10kV 桔梅二回（左线）#10 杆至 10kV 桔梅二回市政支线#04 杆	更换架空导线

4. 计划工作时间：自 2022 年 08 月 25 日 09 时 00 分至 2022 年 08 月 25 日 18 时 00 分

5. 安全措施：［应改为检修状态的线路、设备名称，应断开的断路器（开关）、隔离开关（刀闸）、熔断器，应合上的接地刀闸，应装设的接地线、绝缘隔板、遮栏（围栏）和标示牌等，装设的接地线应明确具体位置，必要时可附页绘图说明］

5.1　调控或运维人员（变配电站、发电厂）应采取的安全措施	执行人
10kV 桔梅二回转为检修状态，断开桔 59 开关，拉开桔 596 隔离开关，推上桔 599 地刀；断开柱-桔 004 开关，拉开柱-桔 0041 刀闸。	李×龙
10kV 桔梅一回转为检修状态，断开桔 53 开关，拉开桔 536 隔离开关，推上桔 539 地刀；断开柱-桔 003 开关，拉开柱-桔 0031 刀闸。	李×龙
10kV 桔梅二回市政支线市政配变转检修，断开高压跌落式熔断器，断开低压 D0 总开关。	李×浩
10kV 桔梅二回（左线）#24 杆小号侧验电装设 10kV #001 接地线。	李×龙
10kV 桔梅一回（右线）#24 杆小号侧验电装设 10kV #002 接地线。	李×龙

工作单位、工作票编号、检修申请票编号：填写执行一般规定。

1. 工作负责人、班组：填写班组工作负责人姓名，工作班名称（几个班组进行综合检修时，填写检修单位名称）

2. 工作班人员：填写工作班全体人员姓名；分小组作业时，应用分号将各小组名单分开，只填写小组负责人姓名及小组总人数。"共__人"（不包括工作负责人）。

3. 工作任务

　　工作地点或设备：工作地点填写执行一般规定；工作设备填写设备的双重名称。进入变（配）电站、开闭所，填写变（配）电站、开闭所电压等级、名称及设备双重名称。

　　不同的工作地点和设备应分行填写。

　　工作内容：对应工作地点或设备，填写具体工作内容。

4. 计划工作时间：填写批准的检修期限。

5 安全措施

5.1 调控或运维人员（变配电站、发电厂）应采取的安全措施：填写所有工作许可人完成的安全措施，包括线路、设备转为检修状态，应采取的断开开关、拉开刀闸、解除引流线、绝缘隔离、推上的接地刀闸、装设接地线等措施，以及停用配网自动化终端硬压板或二次电源以及配电站设备保护压板等；进入变（配）电站、环网柜、开闭所工作时，还应填写运维人员设设的遮栏、标示牌及防止二次回路误碰措施等。

10kV 桔梅二回市政支线市政配变高压引下线接地环验电装设 *10kV #005* 接地线。	*李×浩*
桔59、桔53 间隔前柜门操作面板上，分别悬挂"禁止合闸，线路有人工作！"标示牌。	*江×涛*
59 间隔后柜门工作区域装设围栏并悬挂"在此工作！"标示牌，围栏入口处悬挂"从此进出！"标示牌，围栏两侧向内悬挂"止步，高压危险！"标示牌。	*江×涛*
5.2　工作班完成的安全措施	执行人
无	

5.3 工作班装设（或拆除）的接地线

线路名称或设备双重名称和装设位置	接地线编号	装设时间	拆除时间
220kV 桔城变电站 10kV 桔596 刀闸线路侧	*桔599 地刀*	*08月25日 09时22分（检查时间）*	/
220kV 桔城变电站 10kV 桔536 刀闸线路侧	*桔539 地刀*	*08月25日 09时24分（检查时间）*	/
10kV 桔梅二回市政支线市政配变高压引下线接地环	*10kV #005*	*08月25日 09时30分（检查时间）*	/
10kV 桔梅一回（右线）#9 杆大号侧	*10kV #001*	*08月25日 09时35分*	*08月25日 16时58分*
10kV 桔梅二回（左线）#9 杆大号侧	*10kV #002*	*08月25日 09时38分*	*08月25日 16时55分*
10kV 桔梅一回（右线）#11 杆小号侧	*10kV #003*	*08月25日 09时45分*	*08月25日 17时08分*
10kV 桔梅二回（左线）#11 杆小号侧	*10kV #004*	*08月25日 09时48分*	*08月25日 17时03分*

5.4　保留或邻近的带电线路、设备

220kV 桔城变电站 10kV 桔59 母线侧及相邻间隔带电；10kV 柱-桔004 线路大号侧带电；10kV 柱-桔003 线路大号侧带电；

5.5 其他安全措施和注意事项	**5.6 执行情况（工作负责人手工填写）**
10kV 桔梅二回线市政支线#03 杆为转角杆，顺线路反方向分别设置两根临时拉线。	*已在市政支线#03 杆顺线路反方向分别设置两根临时拉线。*
登杆作业人员单钩双环、安全带、后备保护绳等装备齐全。随身携带工具包和传递绳。	*已确认5名登杆作业人员单钩双环、安全带、后备保护绳等装备齐全。随身携带有工具包和传递绳。*

工作的每条线路及配合停电线路分行填写。

操作接地线编号由工作负责人在办理许可手续时手工填写。

执行人：工作许可人逐项确认，电话许可时由工作负责人填写许可人姓名；工作班完成的接地措施由工作负责人填写接地线编号并签名。

5.2 工作班完成的安全措施：填写工作班在许可的线路、设备上，断开工作地段内可能反送电的线路分支开关（跌落开关）、刀闸；作业现场应装设的安全围栏、标示牌等。没有时填写"无"

执行人：工作班执行完毕后，工作负责人在执行人栏签名。

5.3 工作班装设（或拆除）的接地线：填写工作许可后由工作班在作业现场（包括配合停电）装设的所有接地线。没有时填写"无"。

工作接地线与操作接地线（接地刀闸）同一位置时，装设时间填写检查操作接地线时间，拆除时间填写"/"。

5.4 保留或邻近的带电线路、设备：填写执行一般规定。进入变、配电站工作，应填写变、配电站电压等级及名称。

5.5 其他安全措施和注意事项：填写执行一般规定。

5.6 执行情况：工作负责人现场逐项确认 5.5 栏落实情况，并手工填写复核情况。

工作票签发人签名：工作票签发人审核 1-5 项内容同意后签名，并填写签发时间。

工作票双签发人签名：双签发单位的工作票签发人签名并填写签发时间。无需双签发填写"/"。

工作票签发人签名：<u>李×龙</u> 签发日期：<u>2022</u>年<u>08</u>月<u>24</u>日<u>16</u>时<u>05</u>分

工作票双签发人签名：<u>／</u> 签发日期：<u>／</u>年<u>／</u>月<u>／</u>日<u>／</u>时<u>／</u>分

工作负责人签名：<u>黄×翔</u> 签名日期：<u>2022</u>年<u>08</u>月<u>24</u>日<u>16</u>时<u>10</u>分

5.7 其他安全措施和注意事项补充（由工作负责人或工作许可人填写）：<u>无</u>

_____

6. 工作许可

许可的线路或设备	许可方式	工作许可人	工作负责人签名	许可工作时间
10kV 桔梅二回（桔 59 一柱-桔 004）、#10 杆 T 市政支线	电话许可	李×龙	黄×翔	2022 年 08 月 25 日 09 时 02 分
10kV 桔梅一回（桔 53 一柱-桔 003）	电话许可	李×龙	黄×翔	2022 年 08 月 25 日 09 时 02 分
10kV 桔梅二回市政支线市政配变	电话许可	李×浩	黄×翔	2022 年 08 月 25 日 09 时 06 分
220kV 桔城变电站 10kV 桔 596 刀闸	当面许可	江×涛	黄×翔	2022 年 08 月 25 日 09 时 10 分

7. 分票登记

分票编号	工作任务	小组负责人	工作许可时间	工作结束报告时间
配检二 2022080001-01	拆除旧电缆、新敷设电缆、制作电缆终端头、搭火及电缆试验	张×峰	2022 年 08 月 25 日 09 时 50 分	2022 年 08 月 25 日 16 时 03 分
配检二 2022080001-02	更换架空导线	熊×江	2022 年 08 月 25 日 09 时 52 分	2022 年 08 月 25 日 16 时 50 分

8. 现场交底，工作班人员确认工作负责人布置的工作任务、人员分工、安全措施和注意事项并签名：<u>张×峰 熊×江</u>

现场接地线已装设完毕，工作于<u>2022</u>年<u>08</u>月<u>25</u>日<u>09</u>时<u>50</u>分开始。

9. 工作负责人变动情况：原工作负责人_____离去，变更_____为工作负责人。

工作票签发人_____ 年___月___日___时___分

原工作负责人签名确认：_____ 新工作负责人签名确认：_____

___年___月___日___时___分

10. 工作票延期：有效期延长到_____年___月___日___时___分。

工作负责人签名：_____ ___年___月___日___时___分

工作许可人签名：_____ ___年___月___日___时___分

11. 工作终结

11.1 工作班现场所装设接地线共__4__组、个人保安线共__0__组已全部拆

工作负责人签名：收到已签发的工作票，审核无误后签名，并填写收到工作票的时间。

5.7 其他安全措施和注意事项补充：工作负责人或许可人根据工作现场实际情况，核查工作票签发人填写的工作票内容是否正确完备；如有补充，与工作票签发人确认后，手工填写需要补充的安全措施；没有则填写"无"。

6. 工作许可：填写许可线路的名称、设备双重名称，以及许可方式、许可时间，工作负责人、工作许可人分别签名；电话许可时，由工作负责人填写工作许可人姓名、许可工作时间，并代签名。

不同电压等级的线路、设备分行填写；不同运维管理单位的线路、设备分行填写。

依次进行的工作每次开工均应履行上述工作许可手续，并依次分别记录。

7. 分票登记：工作负责人填写所属分票的编号、工作任务及小组负责人姓名，以及向小组负责人发工作许可令的时间、接到小组负责人报告工作结束的时间。

按分票编号分行填写。

8. 工作班人员签名及开工：召开班前会，每位工作班人员确认并签名；分小组作业时，小组负责人签名即可。

在装设完工作票所列工作接地线后，工作负责人填写工作开始的时间。

9. 工作负责人变动情况：工作票签发人填写原工作负责人和新的工作负责人姓名，签名后并填写办理时间。若工作票签发人无法当面办理时，由新工作负责人代工作票签发

· 75 ·

除，工作班人员已全部撤离现场，材料工具已清理完毕，杆塔、设备上已无遗留物。

11.2 工作终结报告

终结的线路或设备	报告方式	工作负责人签名	工作许可人	终结报告时间
10kV 桔梅二回线桔596 刀闸	当面报告	黄×翔	江×涛	2022 年 8 月 25 日 17 时 15 分
10kV 桔梅二回线市政支线市政配变	电话报告	黄×翔	李×浩	2022 年 8 月 25 日 17 时 18 分
10kV 桔梅二回（桔 59—柱-桔 004）、#10 杆 T 市政支线	电话报告	黄×翔	李×龙	2022 年 8 月 25 日 17 时 20 分
10kV 桔梅一回（桔 53—柱-桔 003）	电话报告	黄×翔	李×龙	2022 年 8 月 25 日 17 时 20 分

12. 备注

12.1 指定专责监护人____/____负责监护____/____（人员、地点及具体工作）

12.2 工作人员变动情况（增添人员姓名、变动日期及时间）

增添人员姓名	日	时	分	工作负责人	离去人员姓名	日	时	分	工作负责人

12.3 每日开工和收工时间（使用一天的工作票不必填写）

收工时间				工作负责人	工作许可人	开工时间				工作负责人	工作许可人
月	日	时	分			月	日	时	分		

12.4 新增工作任务

工作地点及设备双重名称	工作内容	新增工作任务时间				工作票签发人	工作许可人
		月	日	时	分		

12.5 其他事项：_____
_____

人办理变更手续，签名后加（代）。原、新工作负责人办理交接手续后，确认签名并填写交接时间。

10. 工作票延期：工作负责人提出延期申请，经工作许可人同意后，填写延期时间，与工作许可人分别签名并填写办理手续时间。

11. 工作终结

11.1 工作完毕：工作负责人准确填写已拆除的工作班现场所装接地线的组数，以及带到工作现场的个人保安线数量。

11.2 工作终结报告：工作负责人应向全部工作许可人汇报工作终结后，并对应填写终结报告时间、工作许可人姓名并确认签名。采用电话报告方式时，由工作负责人代签名。

多个小组工作时，工作负责人应先得到所有小组负责人工作结束的汇报，方可向工作许可人汇报工作终结。

不同电压等级的线路、设备分行填写；不同运维管理单位的线路、设备分行填写。

12. 备注

12.1 指定专责监护人：填写专责监护人姓名及其被监护人员、工作地点及具体工作。未设专责监护人时填写"/"。

12.2 工作人员变动情况：工作负责人填写增添、离去工作人员姓名及具体时间并签名。分小组作业时，人员变动由小组负责人在分票相应栏中填写。

12.3 每日开工和收工时间：在变、配电站内电气设备区工作时应与变（配）电工作许可人办理收（开）手续。电话办理时，由工作负责人填写许可人姓名并加（代）。

12.4 新增工作任务：由工作负

13. 附图

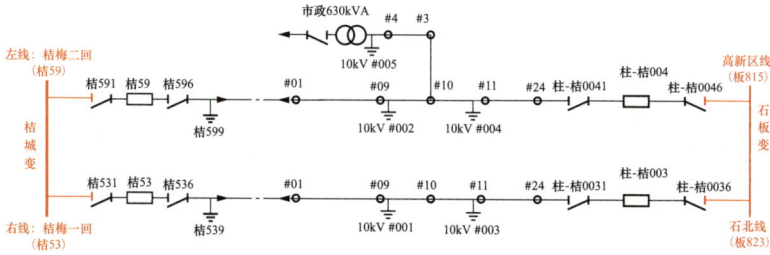

市政630kVA

左线：桔梅二回
（桔59）

桔城变

桔591　桔59　桔596
桔599
#01
#09　10kV #002
#10　#11　#24　柱-桔0041
柱-桔004
柱-桔0046
高新区线
（板815）
石板变
10kV #005　#4　#3
10kV #004

右线：桔梅一回
（桔53）

桔531　桔53　桔536
桔539
#01
#09　10kV #001
#10　#11　#24　柱-桔0031
柱-桔003
柱-桔0036
石北线
（板823）
10kV #003

责人填写工作地点及设备双重名称、工作内容、新增工作任务时间，工作票签发人、工作许可人同意后签名确认。

12.5 其他事项：其他需要说明的有关情况。如没有此栏填写"无"。

13. 附图：工作线路应断开的开关、刀闸，并注明名称和编号及工作地段的起止杆号；工作地段邻近、共杆、交叉跨越线路（设备）；工作地段保留的带电设备，对工作线路施工作业有影响的通信线路及跨越的道路、河流、鱼塘等。工作地点装设的接地线位置及编号。

　　图中设备可用颜色区分示意，宜用红代表带电、黑色代表不带电。

附录 D-2　配电分票格式及填写说明

国网宜昌供电公司（城区供电中心）

配电分票［工作票号：（配检二）字第 2022080001］第 01 号

1. 工作负责人：　黄×翔
2. 小组负责人：张×峰　　　小组名称：　第一小组
　　小组人员：孙×权、张×儒（登高人员）、赵×春、袁×贵、袁×红
共　5　人
3. **工作任务**

工作地点或地段（注明线路名称或设备双重名称、起止杆号）	工作内容及人员分工	专责监护人
220kV 桔城变电站 10kV 桔 596 刀闸	**工作内容：**拆除旧电缆头，制作新电缆冷缩终端头，新电缆进行交接试验，接入桔 596 刀闸。 **人员分工：**袁×红拆除旧电缆头、制作冷缩电缆头、新电缆交接试验，电缆接入桔 596 刀闸。	袁×贵
10kV 桔梅二回（左线）#01 杆	**工作内容：**拆除旧电缆头，敷设新电缆、制作新电缆冷缩终端头，与#01 杆架空导线连接。 **人员分工：**张×儒（登高人员）、赵×春、袁×红拆除旧电缆、敷设新电缆与#01 杆连接。赵×春制作冷缩电缆端头，配合袁×红做新电缆交接试验。	孙×权

4. 计划工作时间：自 2022 年 08 月 25 日 09 时 00 分至 2022 年 08 月 25 日 18 时 00 分
5. 　工作地段采取的安全措施

5.1 应装设的接地线		
应装设接地线的位置	接地线编号	检查时间
220kV 桔城变电站桔 536 刀闸	桔 539 地刀	08 月 25 日 09 时 55 分
220kV 桔城变电站桔 596 刀闸	桔 599 地刀	08 月 25 日 09 时 55 分
10kV 桔梅一回（右线）#9 杆大号侧	10kV #001	08 月 25 日 09 时 51 分
10kV 桔梅二回（左线）#9 杆大号侧	10kV #002	08 月 25 日 09 时 51 分

右栏说明：

工作单位、工作票号、"第__号"：填写执行一般规定。
1. 工作负责人：填写总票工作负责人姓名。
2. 小组负责人、小组名称、小组人员：填写小组负责人姓名、工作小组编号名称；小组人员填写除小组负责人以外的所有本小组工作人员的姓名，"共__人"不包括小组负责人。
3. 工作任务
　　工作地点或设备：工作地点填写执行一般规定；工作设备填写设备的双重名称。进入变（配）电站、开闭所，填写变（配）电站、开闭所电压等级、名称及设备双重名称。
　　不同的工作地点和设备应分行填写。
　　工作内容及人员分工：对应工作地点、范围，填写本小组具体工作内容和人员分工情况。
　　专责监护人：工作负责人根据工作需要设置的专责监护人。不需要设置专责监护人则填写"无"。
4. 计划工作时间：填写批准的检修期限。
5. 工作地段采取的安全措施
5.1 应装设接地线的位置：小组负责人得到工作负责人许可令后，检查并记录本小组工作地段应装设接地线装设位置、接地线编号及检查时间。
5.2 应装设的安全标示牌、遮栏（围栏）等：填写本工作小组现场应装设的安全标示牌、警示带、安全遮栏（围栏）等。
　　执行人：小组负责人在对

5.2 应装设的安全标示牌、遮栏（围栏）等	执行人
无	

5.3 其他危险点预控措施和注意事项	执行人
桔 59 间隔靠母线侧带电，工作中严禁打开桔 59 间隔上柜门及隔离挡板。	张×峰
电缆高压试验时，在 10kV 桔 59 开关柜电缆试验区域设置围栏，在户外电缆头处设置临时围栏并派孙×权现场监护。试验装置的金属外壳应可靠接地；电缆耐压试验前和试验后，应先对被试电缆逐相充分放电并接地。	张×峰

分票签发人签名：<u>李×龙</u>　　　<u>2022</u> 年 <u>08</u> 月 <u>24</u> 日 <u>16</u> 时 <u>13</u> 分

小组负责人签名：<u>张×峰</u>　　　<u>2022</u> 年 <u>08</u> 月 <u>24</u> 日 <u>16</u> 时 <u>16</u> 分

6. 现场交底，工作小组人员确认工作负责人布置的工作任务、人员分工、安全措施和注意事项并签名

<u>孙×权　张×儒　赵×春　袁×贵　袁×红</u>

工作许可时间：<u>2022</u> 年 <u>08</u> 月 <u>25</u> 日 <u>09</u> 时 <u>50</u> 分　工作负责人签名：<u>黄×翔</u>

小组负责人签名：<u>张×峰</u>

7. 分票结束

7.1 小组工作于 <u>2022</u> 年 <u>08</u> 月 <u>25</u> 日 <u>16</u> 时 <u>00</u> 分结束，现场临时安全措施已拆除，材料、工具清理完毕，小组人员已全部撤离。

7.2 小组工作结束报告

线路或设备	报告方式	工作负责人	小组负责人签名	工作结束报告时间
220kV 桔城变电站桔 596 刀闸至 10kV 桔梅二回（左线）#01 杆	电话报告	黄×翔	张×峰	08 月 25 日 16 时 03 分

8. 备注

8.1 新增工作任务

工作地点及设备双重名称	工作内容	新增工作任务时间				工作票签发人	工作许可人
		月	日	时	分		

8.2 其他事项：<u>13:11 袁×红得到工作负责人许可电缆试验。</u>　许可人签名：<u>黄×翔</u>

<u>14:13 袁×红电缆试验合格，向工作负责人汇报试验完工。</u>　许可人签名：<u>黄×翔</u>

应栏中确认签名。

5.3 其他危险点预控措施和注意事项：针对保留带电线路设备以及工作内容、工作条件、使用机具和作业场景等，应采取的其他安全措施。

执行人：小组负责人在对应栏中确认签名。

分票签发人签名：工作票签发人审核确认分票 1-5 项正确无误后，签名并填写签发时间。

小组负责人签名：小组负责人收到已签发的分票审查正确完备后，签名并填写收到工作任务单的时间。

6. 现场交底：小组负责人向全体小组人员进行现场交底后，小组人员签名确认。

工作许可时间、工作负责人签名：工作负责人与小组负责人办理工作许可手续，记录工作许可时间并分别签名。

7. 分票结束

7.1 小组工作完工后，拆除现场临时安全措施，材料、工具清理完毕，填写工作结束时间。

7.2 小组工作结束报告：小组负责人向工作负责人汇报工作结束，填写报告方式、报告时间，签名并填写工作负责人姓名。

8. 备注

8.1 新增工作任务：小组工作负责人征得工作票签发人、工作许可人同意后，填写相关内容。

8.2 其他事项：工作过程中其他需要说明的有关事项。

附录 D-2　配电分票格式及填写说明

国网宜昌供电公司（城区供电中心）

配电分票［工作票号：（配检二）字第 2022080001］第 02 号

填写说明：同配电分票［工作票号：（配抢二）字第 2022080001］第 01 号。

1. 工作负责人姓名：　黄×翔
2. 小组负责人姓名：　熊×江　　　小组名称：　第二小组
小组人员：王×芳、文×豪、钱×方、高×军、荣×成、王×涛
共 6 人
3. 工作任务

工作地点或地段（注明线路名称或设备双重名称、起止杆号）	工作内容及人员分工	专责监护人
10kV 桔梅二回#10 杆至 10kV 桔梅二回市政支线#04 杆	**工作内容：**更换架空导线。 **人员分工：**王×芳、文×豪、高×军杆上作业；荣×成、王×涛地面辅助。	/

4. 计划工作时间：自 2022 年 08 月 25 日 09 时 00 分至 2022 年 08 月 25 日 18 时 00 分
5. 工作地段采取的安全措施

5.1 应装设的接地线		
线路名称和装设位置	接地线编号	检查时间
10kV 桔梅一回（右线）#11 杆小号侧	10kV #003	08 月 25 日 09 时 53 分
10kV 桔梅二回（左线）#11 杆小号侧	10kV #004	08 月 25 日 09 时 53 分
10kV 桔梅一回（右线）#9 杆大号侧	10kV #001	08 月 25 日 09 时 55 分
10kV 桔梅二回（左线）#9 杆大号侧	10kV #002	08 月 25 日 09 时 55 分
10kV 桔梅二回市政支线市政配变高压引下线接地环	10kV #005	08 月 25 日 09 时 58 分
5.2 应装设的安全标示、遮栏（围栏）等		执行人
无		

5.3 其他危险点预控措施和注意事项	执行人
10kV 桔梅二回市政支线#03 杆为转角杆，顺线路反方向分别设置两根临时拉线。	熊×江
登杆作业人员单钩双环、安全带、后备保护绳等装备齐全。随身携带工具包和传递绳。	熊×江

分票签发人签名： 李×龙   2022 年 08 月 24 日 16 时 14 分

小组负责人签名： 熊×江   2022 年 08 月 24 日 16 时 17 分

6. 现场交底，工作小组人员确认工作负责人布置的工作任务、人员分工、安全措施和注意事项并签名： 王×芳 文×袤 钱×方 高×军 荣×成 王×涛

工作许可时间： 2022 年 08 月 25 日 09 时 52 分   工作负责人签名： 黄×翔

小组负责人签名： 熊×江

7. 工作分票结束

7.1 小组工作于 2022 年 08 月 25 日 16 时 45 分结束，现场临时安全措施已拆除，材料、工具清理完毕，小组人员已全部撤离。

线路或设备	报告方式	工作负责人	小组负责人签名	工作结束报告时间
10kV 桔梅二回#10 杆至 10kV 桔梅二回市政支线#04 杆	电话报告	黄×翔	熊×江	08 月 25 日 16 时 50 分

8. 备注

8.1 新增工作任务

工作地点及设备双重名称	工作内容	新增工作任务时间			工作票签发人	工作许可人
		月	日	时	分	

8.2 其他事项： 无

附录 D-3　配电第二种工作票格式及填写说明

国网宜昌供电公司（城区供电中心）

配电第二种工作票（配检一）字第 2022080001 号

1. 工作负责人：黄×翔　　班组：配网检修一班
2. 工作班人员（不包括工作负责人）：熊×江、王×芳

　　　　　　　　　　　　　　　　　　　　　　　　共 2 人

3. 工作任务

工作地点或设备［注明变（配）电站、线路名称、设备双重名称及起止杆号］	工作内容
10kV 窑湾线（大 06）#59 杆-#60 杆	清理树障

4. 计划工作时间：自 2022 年 08 月 21 日 09 时 00 分至 2022 年 08 月 21 日 14 时 00 分

5. 工作条件和安全措施（必要时可附页绘图说明）

5.1 工作条件：＿＿＿＿＿＿＿＿＿＿＿＿＿＿＿＿＿＿＿＿＿

5.2 安全措施	执行人
砍剪靠近线路的树木时，与 10kV 带电线路保持 1m 以上安全距离。	黄×翔
上树作业人员，正确使用安全带，安全带不得系在待砍剪树枝的断口附近或以上。	黄×翔

工作票签发人签名：李×龙　　签发日期：2022 年 08 月 20 日 14 时 00 分
工作票双签发人签名：　/　　签发日期：/ 年 / 月 / 日 / 时 / 分
工作负责人签名：黄×翔　　签名日期：2022 年 08 月 20 日 16 时 00 分

6. 现场补充的安全措施

无

7. 工作许可

许可的线路或设备	许可方式	工作许可人	工作负责人签名	许可工作（或开工）的时间
/				年　月　日　时　分

右栏填写说明：

工作单位、工作票编号：填写执行一般规定。

1. 工作负责人、班组：填写班组工作负责人姓名；工作班组名称。

2. 工作班人员：填写工作班全体人员姓名，"共＿人"不包括工作负责人的工作班人数。

3. 工作任务

　　工作地点或设备：配电站、开闭所设备上工作时，填写配电站、开闭所的电压等级和名称、设备的双重名称；配电线路（设备）上的工作时，填写线路（包括分支线路）的电压等级、线路名称、设备双重名称以及工作区段的起止杆号。

　　工作内容：工作地点、范围内所从事的具体工作内容。使用同一张工作票依次进行的不停电工作分行填写。

4. 计划工作时间：填写批准的检修期限。

5. 工作条件和安全措施

5.1 工作条件：配电站、开闭所设备上的工作应注明工作条件，填写"二次设备（或低压设备）停电"或"二次设备（或低压设备）不停电"。线路上的工作可不填写。

5.2 安全措施：根据工作任务、工作条件、使用的机具和作业场景等，填写应采取的安全措施。

　　工作条件需要停电时，填写应断开的低压空开、刀闸或熔断器，装设的低压接地线或绝缘隔板等。

　　执行人：工作负责人在对应栏中签名。

　　工作票签发人签名：工作

8. 现场交底，工作班人员确认工作负责人布置的工作任务、人员分工、安全措施和注意事项并签名：<u>熊×江　王×芳</u>

_____

　　　工作开始时间：<u>2022</u>年<u>08</u>月<u>21</u>日<u>10</u>时<u>00</u>分　工作负责人签名：<u>黄×翔</u>

9. 工作票延期：有效期延长到_____年___月___日___时___分

　　　工作负责人签名：_____　_____年___月___日___时___分

　　　工作许可人（签发人）签名：_____　_____年___月___日___时___分

10. 工作完工时间：<u>2022</u>年<u>08</u>月<u>21</u>日<u>11</u>时<u>50</u>分　工作负责人签名：<u>黄×翔</u>

11. 工作终结

11.1 工作班人员已全部撤离现场，材料工具已清理完毕，杆塔、设备上已无遗留物。

11.2 工作终结报告

终结的线路或设备	报告方式	工作负责人签名	工作许可人	终结报告（或结束）时间
/				年　月　日　时　分

12. 备注

12.1 指定专责监护人___/___负责监护___/___（人员、地点及具体工作）

12.2 工作人员变动情况（增添人员姓名、变动日期及时间）

增添人员姓名	日	月	分	工作负责人	离去人员姓名	日	时	分	工作负责人

12.3 每日开工和收工时间（使用一天的工作票不必填写）

收工时间			工作负责人	工作许可人	开工时间				工作许可人	工作负责人
月	日	时	分			月	日	时	分		

票签发人确认1-5项后填写具体时间并签名。

　　　工作票双签发人签名：设备运维管理单位工作票签发人确认签名，无需双签发打"/"。

　　　工作负责人签名：工作负责人收到已签发的工作票审查无误后，签名并填写收到工作票的时间。

6. 现场补充的安全措施：工作负责人或现场工作许可人根据现场实际情况，填写需补充的其他安全措施和注意事项内容；如没有，此栏填写"/"。

7. 工作许可：工作负责人填写许可的线路设备的电压等级及双重名称、许可方式、许可时间，并与工作许可人分别签名；电话许可时，由工作负责人代为签名。

8. 工作班（组）人员签名：召开班前会，工作班全体人员确认签名。由工作负责人填写工作开始时间并签名。

9. 工作票延期：经工作许可人或工作票签发人（无许可手续时）同意后，填写批准的延期时间。工作负责人、工作许可人（工作票签发人）签名并填写手续办理完毕的具体时间。

10. 工作完工时间：工作负责人在全部工作结束后，拆除自行布置的安全措施，填写完工时间并签名。

11. 工作终结：无需许可的工作，本栏填写"/"。办理许可手续的工作，应办理终结手续；由工作负责人填写相关内容，与工作许可人分别签名。电话办理时，由工作负责人代签名。

12.4 新增工作任务

工作地点及设备双重名称	工作内容	新增工作任务时间				工作票签发人	工作许可人
		月	日	时	分		

12.5 其他事项：**无**

12. 备注

12.1 指定专责监护人：填写专责监护人姓名及其被监护人员、工作地点及具体工作。未设置专责监护人时填写"/"。

12.2 工作人员变动情况：由工作负责人填写工作人员变动（增添、离去）情况、变动日期及时间后签名。

12.3 每日开工和收工时间：在变、配电站内电气设备区工作时，工作许可人办理收（开）工手续，并填写工作间断的开工、收工时间；电话办理时，由工作负责人填写相关内容。

无需每日得到工作许可的工作，本栏打"/"。

12.4 新增工作任务：工作负责人填写工作地点及设备双重名称、工作内容、新增工作任务时间，工作票签发、工作许可人同意后签名确认。

12.5 其他事项：工作中其他需要说明的有关事项。

附录 D-4　配电带电作业工作票格式及填写说明

宜昌三峡送变电工程有限责任公司（城区供电中心）

配电带电作业工作票（带电）字第 2022080001 号

1. 工作负责人：张×磊　　　班组：配电带电作业班

2. 工作班人员（不包括工作负责人）：陈×首　章×平　胡×宝　顾×天
共 4 人

3. 工作任务

线路名称或设备双重名称	工作地段、范围	工作内容及人员分工	专责监护人
10kV 沙河线（明12）	#025 杆	绝缘斗臂车绝缘手套作业法带电更换 B 相针式绝缘子 斗内作业：胡×宝 地面配合：章×平	陈×首

4. 计划工作时间：自 2022 年 08 月 10 日 09 时 00 分至 2022 年 08 月 10 日 12 时 00 分

5. 安全措施

5.1 调控或运维人员应采取的安全措施

线路名称或设备双重名称	需要停用		需要断开二次设备电源或退出硬压板	作业点负荷侧需要停电的线路、设备	应装设的遮栏（围栏）、标志牌
	重合闸	FA			
10kV 沙河线（明12）	否	否	无	无	无

5.2 其他安全措施和注意事项	执行人
绝缘斗臂车应支撑牢固，接地可靠，空斗试操作正常。	张×磊
作业人员进入工作斗前应穿戴绝缘防护用具，并在设定的构件上系好安全带。	张×磊
作业人员进入带电作业区域，使用相应电压等级的验电器对带电导线、绝缘子、横担进行验电，确认无漏电现象。	张×磊

工作单位、工作票编号：填写执行一般规定。

1. 工作负责人、班组： 填写班组工作负责人姓名；工作班组名称。

2. 工作班人员： 填写工作班全体人员姓名，"共__人"填写总人数（不包括工作负责人）。

3. 工作任务： 使用同一张工作票依次进行的带电作业工作依次分行填写。

　　线路名称或设备双重名称： 填写工作线路电压等级、线路名称、设备双重名称。

　　工作地段、范围： 填写线路工作地点的杆号或工作范围的起止杆号，或者工作设备的地点以及工作范围。

　　工作内容及人员分工： 填写具体的工作内容和人员分工情况。

　　专责监护人： 填写设置的专责监护人姓名。

4. 计划工作时间： 填写批准的检修期限。

5. 安全措施

5.1 调控或运维人员应采取的安全措施： 填写工作线路的电压等级、线路名称或设备双重名称；需要断开的××地点××设备的××压板或二次设备开关；作业点负荷侧需要停电线路、设备双重名称，以及现场应装设的安全遮栏（围栏）和悬挂的标示牌。无需要时，相应栏填"无"。

　　使用同一张工作票依次进行的带电作业工作应分行填写。

5.2 其他安全措施和注意事项： 针对工作任务、工作条件、使用的机具和作业场景等，填

作业中，斗臂车绝缘臂有效绝缘长度应≥1.0m；带电作业区域内应进行有效绝缘遮蔽。	张×磊
提升、下降导线时，绝缘小吊绳应与导线垂直，要缓慢进行，以防止导线晃动，避免造成相间短路。	张×磊
作业时，作业人员严禁同时接触两个不同电位体，接触带电导线和换相工作前，应得到工作监护人许可。	张×磊

工作票签发人签名：__吴×安__　签发日期：__2022__年__08__月__09__日__10__时__00__分
工作票双签发人签名：__/__　签发日期：__/__年__/__月__/__日__/__时__/__分
工作负责人签名：__张×磊__　签名日期：__2022__年__08__月__09__日__10__时__15__分

6. 确认本工作票1-5项正确完备，许可工作开始

许可的线路、设备	许可方式	工作许可人	工作负责人签名	许可工作的时间
10kV 沙河线（明12）	电话许可	韩×仲	张×磊	2022年08月10日10时00分

7. 现场补充的安全措施
无

8. 现场交底，工作班人员确认工作负责人布置的工作任务、人员分工、安全措施和注意事项并签名：__陈×首　韦×平　胡×宝　顾×天__

　　工作开始时间：__2022__年__08__月__10__日__10__时__10__分　工作负责人签名：__张×磊__

9. 工作终结
9.1 工作班人员已全部撤离现场，材料工具已清理完毕，杆塔、设备上已无遗留物。
9.2 工作终结报告

终结的线路或设备	报告方式	工作许可人	工作负责人签名	终结报告时间
10kV 沙河线（明12）	电话报告	韩×仲	张×磊	2022年08月10日10时50分

写应采取的其他安全措施，执行完成后由执行人签名。

　　执行人：工作负责人在对应栏中签名确认"已执行"。

　　工作票签发人签名：工作单位工作票签发人确认签名，并填写签发时间。

　　工作票双签发人签名：设备运维管理单位工作票签发人确认签名，并填写签发时间。无需双签发，相应空格处打"/"。

　　工作负责人签名：工作负责人收到已签发的工作票审查无误后，签名并填写收到工作票的时间。

　　6. 工作许可：工作负责人填写许可的线路设备双重名称、许可方式、许可工作时间，与工作许可人分别签名。电话许可时由工作负责人代签名。

　　需要停用重合闸，同时负荷侧进行停电操作的工作，应分行填写。

　　不同的线路设备管理许可权限应分行填写。

　　依次进行的工作，每次开工均应履行工作许可手续并依次记录。

　　7. 现场补充的安全措施：工作负责人或现场工作许可人到现场后，对照工作任务和现场实际情况，填写需补充的其他安全措施和注意事项内容，如没有此栏填写"无"。

　　8. 现场交底、签名、开工：召开班前会，工作班全体人员确认签名。工作负责人完成现场安全措施后，填写工作开始时间并签名。

　　9. 工作终结：工作负责人填写终结的线路电压等级、线路名称、设备双重名称、报告方式、终结报告时间，并与工作许可人分别签名。电话许可时

10. 备注

无

国网宜昌供电公司（城区供电中心）

低压工作票（配检二）字第（2022080003）号

1. 工作负责人：<u>何×微</u>　　班组：<u>配网检修二班</u>
2. 工作班人员（不包工作负责人）：<u>蔡×寿、杨×部、罗×茂</u>

<u>　　　　　　　　　　　　　　　　　　　　　　共 3 人</u>

3. 工作的线路名称或设备双重名称（多回路应注明双重称号及方位）、工作任务

工作地点或地段	工作任务
10kV 茶港支线#10 杆 T 茶 054 台架变 0.4kV D1 线#02-#04 杆	#02 杆 A、C 相下火线互换改接；#04 杆 B、C 相下火线互换改接。

4. 计划工作时间：自 <u>2022</u> 年 <u>08</u> 月 <u>27</u> 日 <u>09</u> 时 <u>00</u> 分至 <u>2022</u> 年 <u>08</u> 月 <u>27</u> 日 <u>14</u> 时 <u>00</u> 分

5. 工作的条件和应采取的安全措施（必要时可附页绘图说明）

5.1 工作条件：<u>工作设备停电</u>

5.2 安全措施（停电、接地、隔离和装设的安全遮栏、围栏、标示牌等）	执行人
断开 10kV 茶港支线#10 杆 T 茶 054 台架变 0.4kV 控制柜 D1 开关并拉开 D16 刀闸，并悬挂"禁止合闸，线路有人工作！"标示牌。	李×龙
茶 054 台架变 0.4kV 控制柜 D16 刀闸负荷侧验电接地（编号：*0.4kV #001* 接地线）。	李×龙
断开茶 054 台架变 D1 线#02 杆、#04 杆下火线用户集装箱开关并锁门、悬挂"禁止合闸，线路有人工作！"标示牌。	何×微
茶 054 台架变 D1 线#01 杆小号侧验电接地（编号：*0.4kV #002* 接地线）。	何×微
茶 054 台架变 D1 线#06 杆大号侧验电接地（编号：*0.4kV #003* 接地线）。	何×微

5.3 保留的带电部位：<u>无</u>

5.4 其他安全措施和注意事项	执行人
拆开的引线、断开的线头应绝缘包裹措施。	何×微
脚扣登高作业过程中，应使用围杆带。	何×微

工作单位、工作票编号：填写执行一般规定。

1. 工作负责人、班组：填写班组工作负责人姓名；工作班组名称。

2. 工作班人员：填写工作班全体人员姓名，"共＿人"填写总人数（不包括工作负责人）。

3. 工作的线路名称或设备双重名称（多回路应注明双重称号及方位）：

工作地点或地段：低压线路上的工作，填写 T 接线路名称及杆号、配电变压器名称、工作线路的名称或编号、工作区段的起止杆号。配电低压设备上工作，填写工作设备的双重名称。

工作任务：对应工作线路或设备双重名称，填写本次从事的具体工作内容。

不同的工作地点地段分行填写。

4. 计划工作时间：填写以批准的检修期。

5. 工作的条件和应采取的安全措施

5.1 工作条件：填写工作线路、设备停电或不停电。

5.2 安全措施：工作设备停电时，填写应断开的开关、拉开的刀闸、取下的熔断器等措施，装设的接地线及编号、绝缘遮蔽、隔离、断开点加锁和装设安全遮栏、围栏、标示牌等安全措施；工作设备不停电时，应明确不停电作业的具体措施。

执行人：工作许可人完成的安全措施由其在对应栏中确认签名，电话许可时，由工

工作票签发人签名：__韩×仲__ 签发日期：__2022__年__08__月__27__日__08__时__30__分
工作票双签发人签名：__/__ 签发日期：__/__年__/__月__/__日__/__时__/__分
工作负责人签名：__何×微__ 签名日期：__2022__年__08__月__27__日__08__时__35__分

6. 工作许可

6.1 现场补充的安全措施：__无__

6.2 确认本工作票安全措施正确完备，许可工作开始

许可的线路或设备	许可方式	工作许可人	工作负责人签名	许可工作的时间
配-茶 054 台架变 0.4kV D1 线路	电话许可	李×龙	何×微	2022 年 08 月 27 日 09 时 16 分

7. 现场交底，工作班人员确认工作负责人布置的工作任务、人员分工、安全措施和注意事项并签名：__蔡×寿 杨×郜 罗×茂__

8. 工作票延期

经设备运维单位工作票签发人同意，有效期延至_____年____月____日____时____分

工作负责人：_____ ____年___月___日___时___分

9. 工作开始时间：__2022__年__08__月__27__日__09__时__38__分 工作负责人签名：__何×微__

10. 工作终结：工作班现场所装设接地线共 __2__ 组、个人保安线共 __0__ 组已全部拆除，工作班人员已全部撤离现场，工具、材料已清理完毕，杆塔、设备上已无遗留物。

终结的线路或设备	报告方式	工作许可人	工作负责人签名	终结报告时间
配-茶 054 台架变 0.4kV D1 线路	电话报告	李×龙	何×微	2022 年 08 月 27 日 13 时 28 分

11. 备注

11.1 指定专责监护_____负责监护_____（人员、地点及具体工作）

11.2 新增工作任务

工作地点及设备双重名称	工作内容	新增工作任务时间				工作票签发人	工作许可人
		月	日	时	分		

作负责人填写许可人姓名。工作班完成的安全措施，由工作负责人确认签名。

5.3 保留的带电部位：填写执行一般规定，没有填写"无"

5.4 其他安全措施和注意事项：填写执行一般规定。执行人落实后确认签名。

　　工作票签发人签名：工作票签发人确认 1-5 项后签名，并填写签发时间。

　　工作票双签发人签名：工作票双签发人确认签名，并填写签发时间。无需双签发打"/"。

　　工作负责人签名：工作负责人收到已签发的工作票审查无误后，签名并填写收到工作票的时间。

6. 工作许可

6.1 现场补充的安全措施：工作负责人或现场工作许可人到工作现场后，对照现场实际情况填写需补充的安全措施。如没有则填写"无"。

6.2 工作许可：由工作负责人填写许可的线路名称或设备双重名称、许可方式、许可工作的时间、与许可人分别签名，电话许可时则由工作负责人代签名。

　　不同的线路设备管理许可权限应分行填写。

　　依次进行的工作每次开工均应履行工作许可手续并依次记录。每次必须得到全部工作许可人的许可后，方可开始工作。

7. 工作班（组）人员签名：召开班前会，工作班全体人员签名。

8. 工作票延期：填写批准的延期时间。工作负责人填写手续办理完毕的具体时间并签名。

11.3 其他事项：**无**

_____

_____

_____

_____

_____

_____

_____

12. 附图

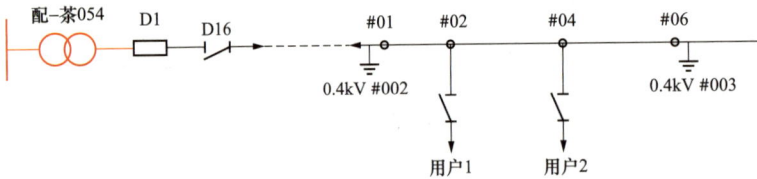

附录 D-6 配电事故紧急抢修单格式及填写说明

国网宜昌供电公司（城区供电中心）

配电事故紧急抢修单（配抢二）字第（2022080002）号

1. 抢修工作负责人： 何×微　　　班组： 配网抢修二班

2. 抢修班人员（不包括抢修工作负责人）： 蔡×寿、杨×部、罗×茂

共　3　人

3. 抢修工作任务

工作地点或设备［注明变（配）电站、线路名称、设备双重名称及起止杆号］	工作内容
10kV 窑湾线（大06）#21 杆 T 厦 020 台架变	A 相低压桩头线夹更换

4. 安全措施（必要时可附页绘图说明）

内容	安全措施
4.1 调控或运维人员（变配电站、发电厂）应采取的安全措施	10kV 窑湾线（大06）#21 杆 T 厦 020 台架变转检修，拉开厦 020 台架变三相跌落保险，断开 0.4kV D1、D2 空开，拉开 D16、D26 刀闸。
	厦 020 台架变 0.4kV D16 刀闸靠负荷侧验电接地（编号：*0.4kV #001* 接地）。
	厦 020 台架变 0.4kV D26 刀闸靠负荷侧验电接地（编号：*0.4kV #002* 接地）。
	厦 020 台架变高压跌落保险负荷端接地环处验电接地（编号：*10kV #001* 接地）。
	厦 020 台架变 D16、D26 刀闸操作把手上悬挂"禁止合闸，有人工作！"标示牌。
4.2 工作班完成的安全措施	厦 020 台架变作业点四周装设安全围栏，并向外悬挂"止步，高压危险！"标示牌；在安全围栏出入口处悬挂"从此进出！"标示牌；在配-厦 020 台架变配电变压器悬挂"在此工作！"标示牌。

工作单位、抢修单编号： 填写执行一般规定。

1. 抢修工作负责人、班组： 填写抢修工作负责人姓名；工作班组名称。

2. 抢修班人员： 填写抢修班全体人员姓名。"共___人"（不包括工作负责人）。

3. 抢修工作任务

工作地点或设备：工作地点填写执行一般规定；工作设备填写设备的双重名称。进入变（配）电站、开闭所，填写变（配）电站、开闭所电压等级、名称及设备双重名称。

不同的工作地点和设备应分行填写。

工作内容：对应工作地点或设备填写具体抢修工作内容。

4. 安全措施

4.1 调控或运维人员应采取的安全措施： 填写所有工作许可人完成的安全措施，包括线路、设备转为检修状态，应采取的断开开关、拉开刀闸、解除引流线、绝缘隔离、推上的接地刀闸、装设接地线等措施，以及停用配网自动化终端硬压板或二次电源以及配电站设备保护压板等；进入变（配）电站、环网柜、开闭所工作时，还应填写运维人员装设的遮栏、标示牌及防止二次回路误碰措施等。

工作的每条线路及配合停电线路分行填写。

操作接地线编号由工作负责人在办理许可手续时手工填写。

4.2 工作班完成的安全措施： 填写工作班在许可的线路、设

	线路名称或设备双重名称和装设位置	接地线编号	装设时间	拆除时间
4.3 工作班装设（或拆除）的接地线	厦 020 台架变 0.4kV D16 刀闸靠负荷侧	*0.4kV #001*	*08月26日19时27分（检查时间）*	/
	厦 020 台架变 0.4kV D26 刀闸靠负荷侧	*0.4kV #002*	*08月26日19时27分（检查时间）*	/
	厦 020 台架变跌落保险负荷侧接地环处	*10kV #001*	*08月26日19时27分（检查时间）*	/
4.4 保留带电部位及其他安全注意事项	保留带电部位：厦 020 台架变高压跌落式熔断器上端带电。 其他安全注意事项：台架上工作，应系好安全带和后备保护绳。			

5. 上述 1-4 项由抢修工作负责人 _何×微_ 根据抢修任务布置人 _李×龙_ 的指令，并根据现场勘察情况填写。

　　填写时间：_2022_ 年 _08_ 月 _26_ 日 _19_ 时 _03_ 分

6. 工作许可：许可方式：_电话许可_ 工作许可人：_李×龙_ 工作负责人：

_何×微_

　　许可抢修时间：_2022_ 年 _08_ 月 _26_ 日 _19_ 时 _21_ 分

7. 现场交底，确认工作负责人布置的抢修任务和安全措施工作班（组）人员签名：_蔡×寿　杨×郜　罗×茂_

　　现场接地线已装设完毕，抢修工作于 _2022_ 年 _08_ 月 _26_ 日 _19_ 时 _30_ 分开始

8. 抢修结束汇报：本抢修工作于 _2022_ 年 _08_ 月 _26_ 日 _20_ 时 _17_ 分结束。现场所挂的接地线共 _0_ 组、带到工作现场的个人保安线共 _0_ 组，已全部拆除、带回。抢修班人员已全部撤离，材料、工具已清理完毕，事故紧急抢修单已终结。

　　现场设备状况及保留安全措施：_现场设备状况完好，确认已无本班组工作人员和遗留物。_

　　工作许可人：_李×龙_

　　抢修工作负责人：_何×微_　结束时间：_2022_ 年 _08_ 月 _26_ 日 _20_ 时 _20_ 分

9. 备注

9.1 指定专责监护人 _蔡×寿_ 负责监护 _杨×郜、罗×茂，厦 020 台架变，作业过程中与 10kV 带电部分保持 0.7m 以上安全距离_（人员、地点及具体工作）

备上，断开工作地段内可能反送电的线路分支开关（跌落开关）、刀闸；作业现场应装设的安全围栏、标示牌等。没有时填写"无"

4.3 工作班装设（或拆除）的接地线： 填写工作班组在作业现场各处装设（拆除）的接地线，要注明线路名称和杆号、装设位置、接地线编号、装设时间、拆除时间等。

　　工作接地线与操作接地线（接地刀闸）同一位置时，装设时间填写检查操作接地线时间，拆除时间填写"/"。

4.4 保留带电部位及其他安全注意事项

　　保留带电部位：填写执行一般规定。没有则填写："保留带电部位：无"。

　　其他安全注意事项：填写执行一般规定。针对工作内容、工作条件、使用的机具和作业场景等，填写应采取的其他安全措施。

5. 任务指令及填写时间： 填写抢修工作负责人和抢修任务布置人（具备工作票签发人资格）的姓名，以及事故紧急抢修单的填写时间。

6. 工作许可： 工作负责人填写许可人下达抢修工作许可令的时间，"当面许可"或"电话许可"并与工作许可人姓名分别签名；电话许可时，由工作负责人代签名。

7. 现场交底： 召开班前会，工作班全体人员确认签名。工作负责人在工作接地线装设完毕后，填写抢修工作开始时间。

8. 抢修结束汇报： 工作负责人向工作许可人汇报并填写已拆除、带回的现场接地线、个人保安线组数，以及现场设

9.2 其他事项：<u>**无**</u>

10. 附图

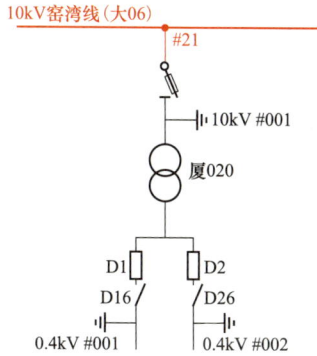

备状况和保留安全措施；向全部工作许可人汇报工作结束，并填写工作许可人姓名、工作结束时间后签名。

9. 备注

9.1 指定专责监护人：填写专责监护人姓名及其被监护人员、工作地点及具体工作。未设专责监护人时填写"/"。

9.2 其他事项：工作中其他需说明的其他有关事项。

10.附图：工作线路应断开的开关、刀闸，并注明名称和编号及工作地段的起止杆号；工作地段内邻近、交叉跨越线路（设备）；工作地段保留的带电设备。工作地点装设的接地线位置及编号。

图中设备可用颜色区分示意，宜用红代表带电、黑色代表不带电。

附录 E-1 营销现场作业工作卡格式及填写说明

国网宜昌市夷陵区供电公司（客户市场室）

营销现场作业工作卡（业扩）字第（2022080001）号

1. 工作人员及工作任务

工作负责人：易×鲲	班组：客服市场室			
工作班人员：涂×威			共 1 人	
计划工作时间	自 2022 年 08 月 15 日 08 时 30 分至 2022 年 08 月 15 日 11 时 30 分			
客户名称	工作地点	工作派发人	派工时间	现场作业类型
宜昌市夷陵区鑫餐池食品配送中心	夷陵区林辰工业园鑫餐池食品配送中心 1 号高压室	李刚	08 月 14 日 16 时 30 分	高压业扩报装增容现场勘察

2. 现场风险点及安全措施

序号	工作现场风险点分析	注意事项及安全措施	逐项落实并打"√"
1	触电	勘察前向客户了解清楚客户带电设备位置，与 10kV 带电设备保持 0.7m 以上安全距离；注意不要误碰、误动、误登运行设备，严禁操作客户设备。	√
2	摔伤	严禁移开或越过遮栏，注意盖板及坑洼处，防止摔倒。	√
3	中毒窒息	进入电缆沟前使用气体检测仪进行有害气体检测，合格后方可下沟工作。	√

工作单位、工作卡编号：填写执行一般规定。

1. 工作人员及工作任务

工作负责人、班组：填写工作负责人姓名；工作班组名称。

工作班人员：填写工作班全体人员姓名，"共__人"填写总人数（不包括工作负责人）。

计划工作时间：填写由工作指派人确定的时间。

客户名称：填写客户名称。不同客户应分行填写。

工作地点：填写工作的具体位置。同一类型的营销现场工作，工作负责人经工作派发人同意后可增加不同的工作地点。

工作派发人：由班组长及以上级别人员担任。

派工时间：填写工作指派人发令时间。

现场作业类型：填写营销作业分类及工作内容。作业类型包括：业扩报装、用电检查、分布式电源、充电设备检修（试验）、综合能源等。

2. 现场风险点及安全措施

工作现场风险点分析：填写根据工作内容填写具体的风险点。

注意事项及安全措施：针对工作现场风险点，填写应采取的注意事项及安全措施。不同分风险点要分行填写，逐项落实安全措施后打"√"。

3. 工作许可及开、收工

工作负责人签名：工作负责人确认本卡 1-2 项内容正确无误后签名。

工作许可及开工：由供电

3. 工作许可及开、收工

工作负责人签名	易×鲲
工作许可人（供电公司）	向×胜
工作许可人（客户）	吴×磊
工作任务和现场安全措施已确认，工作班人员签名	涂×威

开工时间：<u>2022</u> 年 <u>08</u> 月 <u>15</u> 日 <u>9</u> 时 <u>10</u> 分

工作终结	工作负责人签名：易×鲲	工作许可人签名：向×胜（供电公司） 吴×磊（客户）

收工时间：<u>2022</u> 年 <u>08</u> 月 <u>15</u> 日 <u>11</u> 时 <u>10</u> 分

方许可人和客户方许可人先后审查工作卡内安全措施完备且已正确实施并签字。开展客户侧用电检查时，可仅由供电方许可人履行许可手续。

工作负责人召开班前会，工作班全体人员确认签名后，填写工作开始时间。

工作终结：全部工作结束后，工作负责人向所有工作许可人报告工作终结，分别签名，填写收工时间。电话办理时由工作负责人代签名，其后加（代）。

附录 **F-1** 信息工作票填写格式及说明

国网湖北信通公司（信息中心）

信息工作票（营销）字第（2022080004）号

1. 工作负责人：<u>詹×伟</u> 班组名称：<u>营销系统室</u>
2. 工作班人员（不包括工作负责人）：<u>黄×佳</u> 共 <u>1</u> 人
3. 工作场所名称：<u>华电检修专区 512</u>
4. 工作任务

工作地点及设备名称	工作内容
营销基础数据（http://10.240.240.49/fdp-app/；http://10.229.240.2:17011/ fdp-app/） 营销基础数据 3 号中间件域（10.229.240.3） 营销基础数据 4 号中间件域（10.229.240.4） 营销基础数据 2 号中间件域（10.229.240.2） 营销基础数据 1 号中间件域（10.229.240.1）	营销基础数据平台系统性能优化 1. 做好系统相关文件备份 2. 上传应用程序更新脚本 3. 验证系统同功能模块是否正常

5. 计划工作时间：自 <u>2022</u> 年 <u>08</u> 月 <u>07</u> 日 <u>16</u> 时 <u>30</u> 分至 <u>2022</u> 年 <u>08</u> 月 <u>07</u> 日 <u>18</u> 时 <u>00</u> 分止
6. 安全措施（应备份的配置文件、业务数据、运行参数和日志文件，应验证的内容等，必要时可附页绘图说明）

安全措施	执行人
本次检修使用：运维审计系统检修账号：zhangchao 操作系统管理员账号：weblogic。	詹×伟
确认系统正常运行，当前运行方式与检修方案一致。	詹×伟
严格做好应用程序锁及参数文件备份。	詹×伟
检修操作期间系统功能可以正常使用。	詹×伟
操作结束后对页面功能及数据进行验证，同时电话至调度中心询问监控各项指标是否正常。	詹×伟

工作票签发人签名：<u>陈×鹏</u> <u>2022</u> 年 <u>08</u> 月 <u>06</u> 日 <u>09</u> 时 <u>35</u> 分
工作票双签发人签名：<u>／</u> <u>／</u> 年 <u>／</u> 月 <u>／</u> 日 <u>／</u> 时 <u>／</u> 分
工作负责人签名：<u>詹×伟</u> <u>2022</u> 年 <u>08</u> 月 <u>06</u> 日 <u>14</u> 时 <u>20</u> 分

7. **工作许可**

许可开始工作时间：*2022* 年 *08* 月 *07* 日 *16* 时 *30* 分
工作负责人签名：*詹×伟* 工作许可人签名：*刘×力*

工作单位、工作编号：填写执行一般规定。

1. 工作负责人、班组： 填写工作负责人姓名；工作班组名称。

2. 工作班人员： 填写工作班全体人员姓名，"共__人"填写总人数（不包括工作负责人）。

3. 工作场所名称： 填写工作场所、机房、机柜名称编号。当工作设备安装在不同的机房时，应列出所有涉及的机房。

4. 工作任务

工作地点及设备名称： 填写工作地点、设备（系统）名称。若需要进机房进行检修工作时，工作地点应填写机柜名称。

工作内容： 对应工作地点及设备名称，填写具体、明确的工作内容。

5. 计划工作时间： 填写批准的检修期限。

6. 安全措施： 填写确保本次工作现场具备保证检修工作的基本安全条件，包括应获得的授权，应备份的内容，应验证的内容等检修前的安全措施，必要时可附页绘图说明。由工作负责人填写执行人姓名。

工作票签发人签名： 工作票签发人确认 1-6 项，签名并填写签发时间。

工作票双签发人签名： 工作票双签发人确认 1-6 项，签名并填写签发时间。无需"双签发"时，此栏填写"/"。

工作负责人签名： 工作负责人收到工作票后审核确认 1-6 项，签名并填写收到时间。

8. 现场交底，工作班人员确认工作负责人布置的工作任务、人员分工、安全措施和注意事项并签名：　黄×佳

9. **工作票延期**

工作延期至 __年__月__日 __时__分	工作负责人	工作许可人
签名时间	__年__月__日__时__分	__年__月__日__时__分

10. **工作终结**

　　全部工作已结束，工作过程中产生的临时数据、临时账号等内容已删除，信息系统运行正常，现场已清扫、整理。

工作终结时间：**2022** 年 **08** 月 **07** 日 **17** 时 **30** 分

工作负责人签名：**詹×伟**　工作许可人签名：**刘×力**

11. **备注**

11.1 指定专责监护人＿＿＿/＿＿＿负责监护＿＿＿/＿＿＿（人员、地点及具体工作）

11.2 其他事项：**无**＿＿＿＿＿＿＿＿＿＿＿＿＿＿＿＿＿＿＿＿＿＿＿＿＿

＿＿＿＿＿＿＿＿＿＿＿＿＿＿＿＿＿＿＿＿＿＿＿＿＿＿＿＿＿＿＿＿＿＿＿

＿＿＿＿＿＿＿＿＿＿＿＿＿＿＿＿＿＿＿＿＿＿＿＿＿＿＿＿＿＿＿＿＿＿＿

＿＿＿＿＿＿＿＿＿＿＿＿＿＿＿＿＿＿＿＿＿＿＿＿＿＿＿＿＿＿＿＿＿＿＿

＿＿＿＿＿＿＿＿＿＿＿＿＿＿＿＿＿＿＿＿＿＿＿＿＿＿＿＿＿＿＿＿＿＿＿

＿＿＿＿＿＿＿＿＿＿＿＿＿＿＿＿＿＿＿＿＿＿＿＿＿＿＿＿＿＿＿＿＿＿＿

7. 工作许可：工作许可人与工作负责人履行工作许可手续后，填写许可开工时间，分别签名。电话许可时，工作负责人代签名，并在其后加（代）。

8. 现场交底、签名：召开班前会，工作班全体人员确认签名。

9. 工作票延期：工作负责人在工作票有效期内向工作许可人提出延期申请，并填写批准的延期时间；工作负责人与现场工作许可人分别确认签名并填写办理手续的具体时间。电话许可时，工作负责人代签名，并在其后加（代）。

10. 工作终结：全部工作结束，经双方确认后，填写工作终结时间，工作负责人与现场工作许可人分别签名。电话许可时，工作负责人代签名，并在其后加（代）。

11. 备注

11.1 指定专责监护人：填写专责监护人姓名及其被监护人员、工作地点及具体工作。未设置专责监护人时填写"/"。

11.2 其他事项：填写需说明的其他有关事项。如：因工作需要增设临时账号的记录。没有其他事项时，填写"无"。

附录 G-1 电力通信工作票格式及填写说明

国网宜昌供电公司（信息通信分公司）

电力通信工作票（检一）字第（2022080023）号

1. 工作负责人：周×成　　班组名称：通信运检一班
2. 工作班人员（不包括工作负责人）：刘×欢、郑×誉、严×龙、胡×飞
共 4 人
3. 工作场所名称：交流 220kV 江滩变电站，电缆夹层，H1/R5 综合配线柜，
H1/R8 综合配线柜
4. **工作任务**

工作地点及设备名称	工作内容
交流 220kV 江滩变电站，电缆夹层，H1/R5 综合配线柜，H1/R8 综合配线柜	配合省公司省干传输网宜昌区域组网跳纤

5. 计划工作时间：自 2022 年 08 月 29 日 10 时 00 分至 2022 年 08 月 29 日 20 时 00 分
6. 安全措施（应获得的授权，应验证的内容等，必要时可附页绘图说明）

安全措施	执行人
认清设备名称、标识，保持与带电部位的安全距离。	周×成
在通信机房配线柜上挂"在此工作！"标示牌，相邻屏柜挂"运行设备！"红布幔。	周×成
防止误碰运行尾纤。	周×成
验证：确认光设备、光传输设备及通道正常运行，确认开通光路与通信方式票一致。	周×成
工作场所周围应装设围栏，向外悬挂"在此工作！"标示牌。	周×成
进入电缆夹层前应先通风，保证电缆夹层内空气流通清洁，并进行气体检测，确认安全后再进入。	周×成

工作票签发人签名：杨×逸　2022 年 08 月 29 日 09 时 22 分
工作票双签发人签名：/　/ 年 / 月 / 日 / 时 / 分
工作负责人签名：周×成　2022 年 08 月 29 日 09 时 30 分

工作单位、工作票编号：填写执行一般规定。

1. 工作负责人、班组：填写工作负责人姓名；工作班组名称。

2. 工作班人员：填写工作班全体人员姓名，"共__人"填写总人数（不包括工作负责人）。

3. 工作场所名称：填写工作场所、机房、机柜名称编号。当工作设备安装在不同的机房时，应列出所有涉及的机房。

4. 工作任务

工作地点及设备名称：填写工作场所、杆塔、机柜名称编号及通信线路、设备名称。若涉及同塔双（多）回杆塔，应填写与通信线路名称接近的一次线路名称；若涉及多条通信线路、多个工作地点，应分行全部列写。

工作内容：对应工作地点及设备，填写具体、明确的工作内容。

5. 计划工作时间：填写批准的检修期限。

6. 安全措施：填写确保本次工作现场具备检修工作开始的基本条件，包括应获得的授权、应验证的内容、应切换试验的对象等（检修前的安全措施），必要时可附页绘图说明。

工作票签发人签名：工作票签发人确认 1-6 项，签名并填写时间。

工作票双签发人签名：双签发单位工作票签发人确认签名，并填写签发的具体时间。无需"双签发"时，此栏空格处填写"/"。

工作负责人签名：工作负

7. 工作许可

　　许可开始工作时间：*2022* 年 *08* 月 *29* 日 *10* 时 *00* 分

　　工作负责人签名：　*周×成*　　工作许可人签名：　*刘×梅*

8. 现场交底，工作班人员确认工作负责人布置的工作任务、人员分工、安全措施和注意事项并签名：*刘×欢　郑×誉　严×龙　胡×飞*

9. 工作票延期

工作延期至 __年__月__日 __时__分	工作负责人	工作许可人
签名时间：	__年__月__日__时__分	__年__月__日__时__分

10. 工作终结

　　全部工作已结束，工作过程中产生的临时数据、临时账号等内容已删除，电力通信系统运行正常，现场已清扫、整理，工作班人员已全部撤离工作地点。

工作终结时间：*2022* 年 *08* 月 *29* 日 *18* 时 *25* 分

工作负责人签名：　*周×成*　　工作许可人签名：　*刘×梅*

11. 备注

11.1 指定专责监护人＿＿＿／＿＿＿负责监护＿＿＿／＿＿＿（地点及具体工作）

11.2 每日开工和收工时间（使用一天的工作票不必填写）

收工时间				工作 负责人	工作 许可人	开工时间				工作 许可人	工作 负责人
月	日	时	分			月	日	时	分		

11.3 其他事项：*无*

＿＿＿＿＿＿＿＿＿＿＿＿＿＿＿＿＿＿＿＿＿＿＿＿＿＿＿＿＿＿＿＿＿

＿＿＿＿＿＿＿＿＿＿＿＿＿＿＿＿＿＿＿＿＿＿＿＿＿＿＿＿＿＿＿＿＿

＿＿＿＿＿＿＿＿＿＿＿＿＿＿＿＿＿＿＿＿＿＿＿＿＿＿＿＿＿＿＿＿＿

＿＿＿＿＿＿＿＿＿＿＿＿＿＿＿＿＿＿＿＿＿＿＿＿＿＿＿＿＿＿＿＿＿

＿＿＿＿＿＿＿＿＿＿＿＿＿＿＿＿＿＿＿＿＿＿＿＿＿＿＿＿＿＿＿＿＿

＿＿＿＿＿＿＿＿＿＿＿＿＿＿＿＿＿＿＿＿＿＿＿＿＿＿＿＿＿＿＿＿＿

＿＿＿＿＿＿＿＿＿＿＿＿＿＿＿＿＿＿＿＿＿＿＿＿＿＿＿＿＿＿＿＿＿

＿＿＿＿＿＿＿＿＿＿＿＿＿＿＿＿＿＿＿＿＿＿＿＿＿＿＿＿＿＿＿＿＿

责人收到工作票，再次审核确认1-6项，签名并填写收到工作票时间。

7. 工作许可：工作许可人与工作负责人履行工作许可手续后，填写许可开工时间，并与工作负责人分别签名。电话许可时，工作负责人代签名，并在其后加（代）。

8. 现场交底、签名：召开班前会，工作班全体人员确认后签名。

9. 工作票延期：工作负责人在工作票有效期内向工作许可人提出延期申请，并填写批准的延期时间；分别确认签名并填写办理手续的具体时间。电话许可时，工作负责人代签名，并在其后加（代）。

10. 工作终结：全部工作结束，经双方确认后，填写工作终结时间，分别签名。电话许可时，工作负责人代签名，并在其后加（代）。

11. 备注

11.1 指定专责监护人：填写专责监护人姓名及其被监护人员、工作地点及具体工作。未设置专责监护人时填写"/"。

11.2 每日开工和收工时间：在变、配电站内电气设备区工作时，工作许可人办理收（开）工手续，并填写工作间断的开工、收工时间；电话办理时，由工作负责人填写相关内容，并代签名。

　　无需每日得到工作许可的工作，本栏打"/"。

11.3 其他事项：填写需要说明的有关情况。如：因工作需要增设临时账号的记录等。没有其他事项时，填写"无"。

附录 H-1　　电力监控工作票格式及填写说明

国网宜昌供电公司（电力调度控制中心）

电力监控工作票（自）字第（2022080004）号

1. 工作负责人：<u>周×思</u>　班组：<u>自动化班</u>
2. 工作班人员（不包括工作负责人）：<u>张×明、王×然、刘×柠</u>
共　<u>3</u>　人
3. 工作场所名称：<u>宜昌市公司13楼自动化机房</u>
4. **工作任务**

工作地点及设备名称	工作内容
13楼自动化机房F5机柜，骨干网二平面路由器、实时交换机、非实时交换机。	骨干网二平面路由器、实时交换机、非实时交换机更换及调试。

5. 计划工作时间：自<u>2022</u>年<u>08</u>月<u>22</u>日<u>10</u>时<u>00</u>分至<u>2022</u>年<u>08</u>月<u>22</u>日<u>18</u>时<u>00</u>分
6. 安全措施［所用账号，应汇报的单位（部门），应备份的文件、业务数据、运行参数和日志文件，应验证的内容等］（必要时可附页说明）

编号	安全措施	执行人
6.1	授权使用骨干二平面路由器、实时交换机、非实时交换机检修账号。	王×然
6.2	工作前，备份骨干网二平面路由器、实时交换机、非实时交换机配置文件、运行参数、运行数据、日志文件。	王×然
6.3	工作前，确认骨干网一平面业务运行正常；确认骨干网二平面业务可停用。	王×然

工作票签发人签名：<u>李×风</u>　<u>2022</u>年<u>08</u>月<u>22</u>日<u>09</u>时<u>00</u>分
工作票双签发人签名：<u>/</u>　<u>/</u>年<u>/</u>月<u>/</u>日<u>/</u>时<u>/</u>分
工作负责人签名：<u>周×思</u>　<u>2022</u>年<u>08</u>月<u>22</u>日<u>10</u>时<u>00</u>分
7. **确认工作负责人布置的工作任务和安全措施**
工作班人员签名：<u>张×明　王×然　刘×柠</u>
工作许可人签名：<u>徐×晶</u>　工作负责人签名：<u>周×思</u>
许可开工时间：<u>2022</u>年<u>08</u>月<u>22</u>日<u>10</u>时<u>05</u>分
8. **工作票延期**
有效期延长到_____年____月____日____时____分

1. **工作负责人、班组**：填写工作负责人姓名；工作班组名称。
2. **工作班人员**：填写除工作负责人以外的所有工作人员的姓名，"共__人"（不包括工作负责人）。
3. **工作场所名称**：填写工作场所、机房、机柜名称编号。当工作设备安装在不同的机房时，应列出所有涉及的机房。
4. **工作任务**
　　工作地点及设备名称：填写工作地点、设备（系统）名称。若需要进机房进行检修工作时，工作地点应填写机柜名称。
　　工作内容：对应工作地点及设备名称，填写具体、明确的工作内容。
5. **计划工作时间**：填写批准的检修期限。
6. **安全措施**：由工作负责人填写。"执行人"填写执行安全措施的人员姓名。
　　工作票签发人签名：工作票签发人确认1-6项，签名并填写时间。
　　工作票双签发人签名：双签发单位工作票签发人确认签名，并填写签发的具体时间。无需"双签发"时，此栏空格处填"/"。
　　工作负责人签名：工作负责人收到工作票后，确认无误后签名并填写收到工作票时间。
7. **确认工作负责人布置的工作任务和安全措施**

工作负责人签名：_____ _____年___月___日___时___分

工作票签发人签名：_____ _____年___月___日___时___分

9. 工作终结

全部工作于 _2022_ 年 _08_ 月 _22_ 日 _17_ 时 _00_ 分结束，工作过程中产生的临时数据、临时账号等内容已删除，封闭的数据已开放，电力监控系统运行正常，现场已清扫、整理，作业人员已全部撤离，并已向工作票签发人 _李×风_ 汇报。

工作负责人签名： _周×思_ _2022_ 年 _08_ 月 _22_ 日 _17_ 时 _03_ 分

工作许可人签名： _徐×晶_ _2022_ 年 _08_ 月 _22_ 日 _17_ 时 _03_ 分

10. 备注

10.1 指定专责监护人____/____负责监护____/____（人员、地点及具体工作）

10.2 其他事项： _无_ _____

_____

_____

_____

_____

_____

_____

_____

_____

_____

工作班人员签名：召开班前会，工作班全体人员确认签名。

工作许可开工：工作负责人完成现场安全措施后，向值班人员询问当前系统运行状况是否具备开工条件，经值班人员确认无误后，填写许可开工时间并与工作许可人分别签名。

8. 工作票延期：经工作票签发人同意，填写批准的有效延长期时间；工作负责人与工作票签发人分别确认签名并填写具体时间。工作票签发人无法当面办理时，工作负责人得到工作票签发人同意后代签名，并在其后加（代）。

9. 工作终结：经双方确认后，工作负责人填写工作终结时间，工作许可人与工作负责人分别签名，工作票终结。

10. 备注

10.1 指定专责监护人：填写专责监护人姓名及其被监护人员、工作地点及具体工作。未设置专责监护人时填写"/"。

10.2 其他事项：填写需要说明的有关情况。如：因工作需要增设临时账号的记录等。没有其他事项时，填写"无"。

附录 I-1 水力机械工作票格式及填写说明

国网宜昌供电公司（东电公司）

发电厂水力机械票（机二）字第（2022080005）号

1. 工作负责人（监护人）：<u>杨×魂</u> 班组：<u>机械二班</u>
2. 工作班人员（不包括工作负责人）：<u>陈×吉、柯×均、文×宇、田×峰、</u><u>吴×麟、龚×超、殷×龙、王×军</u> 共 <u>8</u> 人
3. **工作任务**

工作地点及设备双重名称	工作内容
3 号机水车室导水机构	检查、清扫、探伤、间隙调整、剪断销更换
3 号机技术供水系统管路、阀门、主供水滤过器、水封滤过器	检查、清扫、阀门更换
3 号机尾水人孔、盘形阀、转轮	检查、清扫、探伤、汽蚀处理
3 号机伸缩节、蜗壳排水阀、蜗壳	检查、清扫、探伤、试验

4. 计划工作时间：自 <u>2022</u> 年 <u>08</u> 月 <u>06</u> 日 <u>09</u> 时 <u>11</u> 分至 <u>2022</u> 年 <u>08</u> 月 <u>25</u> 日 <u>16</u> 时 <u>12</u> 分
5. **安全措施**（必要时附页绘图说明）

5.1 检修工作应执行的安全措施	执行人
将 3 号水轮发电机组停运。	陈×国
落下 3 号水轮发电机组工作闸门。	陈×国
打开 3 号机蜗壳排水阀 3274、平管段排水阀 3273、技术供水滤过器排污阀 3204、主轴密封滤过器排污阀 3221、盘形阀 3271、盘形阀 3272。	陈×国
关闭 3 号机技术供水滤过器进口阀 3201、滤过器旁路阀 3203；消防供水阀 3205；3、4 号机技术供水连通阀 240；尾水平压直角阀 3282、3283。	陈×国
关闭 3 号机调速器主供油阀 3104。	陈×国
分别断开 3 号机技术供水电动阀控制箱内：3201 阀电源开关 30ZK66、3203 阀电源开关 30ZK67、3208 阀电源开关 30ZK68。	陈×国
将 3 号发电机组调速器电调屏上"远方/现地"切换把手切换至"现地"位置。	陈×国

工作单位、工作票编号：填写执行一般规定。

1. 工作负责人（监护人）、班组：填写工作负责人姓名；工作班组名称。

2. 工作班人员：填写工作班全体人员姓名；"共__人"填写工作班人员总人数（不包括工作负责人）。

3. 工作任务

工作地点及设备双重名称：填写具体的工作地点和设备双重名称。不同的工作地点和设备应分行填写。

工作内容：对应工作地点和设备，填写具体、明确的工作内容。

4. 计划工作时间：填写批准的检修期限。

5. 安全措施

5.1 检修工作应执行的安全措施：填写运行人员应做好的安全措施。同一系统关闭的阀门填写在同一行中并注明设备名称和编号；同一系统需要打开泄压的阀门填写在同一行中并注明设备名称和编号；同一控制柜内的电源开关填写在同一行中并注明设备名称和编号。

5.2 应设遮栏、应挂标示牌：填写在电源开关上、阀门操作手轮上、操作把手上挂标示牌，以及应加锁的阀/闸门、装设隔离围栏等保证人身和设备安全需采取的防护措施。

在电源开关上挂标示牌，可在同一栏填写所挂电源开关编号；阀门操作手轮上挂标示牌，可在同一栏填写所挂阀门编号；同一屏的操作把手上挂标示牌，可在同一栏填写所

将 3 号发电机组调速器电调屏上导叶工作模式切换把手切换至"机手动"位置。	陈×国
关闭 3 号机空气围带手动回路进气阀 3322、自动回路总进气阀 3319、出口阀 3321。	陈×国
打开 3 号机空气围带手动回路排气阀 3323。	陈×国
关闭 3 号机工作闸门回油阀 3806、下腔进油阀 3803、进油阀 3801、上腔回油阀 3802。	陈×国
断开 3 号发电机组水封滤过器控制箱内 3 号发电机组技术供水水封滤过器交流电源 30ZK69。	陈×国
确认 3、4 号检修泵运行正常,将 3 号水轮发电机组尾水管水位保持在工作点以下。	陈×国
5.2 应设遮栏、应挂标示牌	执行人
分别在 3 号机技术供水电动阀控制箱内 30ZK66、30ZK67、30ZK68 电源开关上上悬挂"禁止合闸,有人工作!"标示牌。	陈×国
分别在 3201、3203、3204、3205、3221、240、3104、3282、3283、3801、3806、3802、3803、3322、3319、3323、3274、3273、3221、3271、3272 阀门的操作手轮上悬挂"禁止操作,有人工作!"标示牌。	陈×国
分别在 3 号发电机组调速器电调屏上导叶工作模式切换把手、"远方/现地"切换把手上悬挂"禁止操作,有人工作!"标示牌。	陈×国
在 3 号发电机组水封滤过器控制箱内 30ZK69 上悬挂"禁止合闸,有人工作!"标示牌。	陈×国
5.3 检修工作要求检修人员自行执行的安全措施(由工作负责人填写)	执行人
落下 3 号水轮发电机组尾水闸门。	杨×魏
在 3 号机水导轴承上悬挂"在此工作!"安全标志牌。	杨×魏
在 3 号机伸缩节适当位置上悬挂"在此工作!"安全标志牌。	杨×魏
在 3 号机尾水人孔门上悬挂"进出请登记"和"在此工作!"安全标志牌。	杨×魏
在 3 号机蜗壳人孔门上悬挂"进出请登记"和"在此工作!"安全标志牌。	杨×魏
3 号机技术供水主供水滤过器上悬挂"在此工作!"安全标志牌。	杨×魏

5.4 工作地点注意事项(由工作票签发人填写)	**5.5 补充工作地点安全措施(工作许可人填写)**
进入 3 号水轮机蜗壳、尾水管及转轮室内工作,严格遵守"先通风、再检测、后作业"的原则。	无

挂操作把手的设备编号。

5.3 检修工作要求检修人员自行执行的安全措施: 由工作负责人填写检修人员根据工作需要和现场实际情况,应自行负责执行和恢复的安全措施。执行人:由现场安全措施实际执行人逐项确认并签名。

5.4 工作地点注意事项: 防止检修人员中毒窒息,气体爆炸等特殊安全措施。如没有则填写"无"。

5.5 补充工作地点安全措施: 由于运行方式和设备缺陷需扩大隔断范围的措施或其他运行人员补充的保证安全的措施。如没有补充,则填写"无"。

工作票签发人签名:工作票签发人确认 1-5 项后签名,并填写具体的签发时间。

工作票双签发人签名:双签发单位工作票签发人确认签名,并填写具体的签发时间。无需"双签发"时,此栏填写"/"。

6. 收到工作票时间: 运行值班人员收到工作票,应对 1-5 项进行认真审查,确认合格后,填写收到工作票的时间并签名。

7. 工作许可: 工作许可人会同工作负责人共同确认本工作票 1-6 项执行无误后,由工作许可人填写许可工作时间并签名。

执行"双许可"时,由设备管理单位许可人填写许可工作时间,设备管理单位许可人、运行值班人员在同一栏内分别签名。

8. 工作班组人员签名: 召开班前会,每位工作班人员确认签名。

9. 工作负责人变动情况: 由

<table>
<tr><td>多班组交叉作业时听从现场协调组安排，避免相互影响。上下面垂直作业时，应检查防护隔离措施已完成。</td><td></td></tr>
</table>

工作票签发人签名：<u>陈立国</u>　签发日期：<u>2022</u>年<u>08</u>月<u>05</u>日<u>14</u>时<u>30</u>分

工作票双签发人签名：<u>／</u>　签发日期：<u>／</u>年<u>／</u>月<u>／</u>日<u>／</u>时<u>／</u>分

6. 收到工作票时间：<u>2022</u>年<u>08</u>月<u>05</u>日<u>16</u>时<u>20</u>分

运行值班人员签名：<u>刘×波</u>　工作负责人签名：<u>杨×魂</u>

7. **工作许可，双方确认本工作票1-6项**

许可工作时间：自<u>2022</u>年<u>08</u>月<u>06</u>日<u>09</u>时<u>20</u>分至<u>2022</u>年<u>08</u>月<u>25</u>日<u>15</u>时<u>35</u>分

工作负责人签名：<u>杨×魂</u>　工作许可人签名：<u>陈×国</u>

8. **确认工作负责人布置的任务、安全措施、危险点及预控措施告知（见对应的危险点分析预控卡）**

工作班组人员签名：<u>陈×吉　柯×钧　文×宇　田×峰　吴×麟　龚×超　殷×龙　王×军</u>

9. **工作负责人变动情况**

9.1 原工作负责人_____离去，变更_____为工作负责人。

原工作票签发人签名：_____年____月____日____时____分

原、现工作负责人已对工作任务和安全措施进行交接，现工作负责人签名确认：_____

工作许可人签名：_____年____月____日____时____分

9.2 连续或连班作业工作负责人的相互交替

原工作负责任人	现工作负责人	生效时间				工作票签发人
		月	日	时	分	

10. **工作票延期**：有效期延长到_____年____月____日____时____分。

工作负责人签名：_____年____月____日____时____分

工作许可人签名：_____年____月____日____时____分

11. **工作终结**

全部工作于<u>2022</u>年<u>08</u>月<u>25</u>日<u>11</u>时<u>30</u>分结束，设备及安全措施已恢复至开工前状态，工作人员已全部撤离，材料工具、场地已清理完毕。

工作负责人签名：<u>杨×魂</u>　<u>2022</u>年<u>08</u>月<u>25</u>日<u>11</u>时<u>40</u>分

工作许可人签名：<u>刘×波</u>　<u>2022</u>年<u>08</u>月<u>25</u>日<u>11</u>时<u>41</u>分

12. **备注**

12.1 指定专责监护人<u>龚×超</u>负责监护<u>柯×钧、文×宇、田×峰，3号机蜗壳处，有限空间作业</u>（人员、地点及具体工作）

工作票签发人填写，再与工作许可人分别签名。若工作票签发人无法当面办理，可电话通知工作许可人，由工作许可人填写工作负责人变动情况和变更时间，代工作票签发人签名，并在其后加（代）。

连续或连班作业工作负责人的相互接替：原、现工作负责人交接工作任务、安全措施并分别签名，由工作票签发人填写生效时间并签名。

10. 工作票延期：工作延期由工作负责人有效期内向运维负责人提出，在得到工作票延期的同意后，由工作许可人填写批准延期的时间并与工作负责人分别签名。

11. 工作终结：全部工作结束后，工作负责人填写相关检验记录并给出明确结论后向工作许可人报完工。工作许可人验收合格后，填写工作终结时间并签名。

12. 备注

12.1 指定专责监护人：填写专责监护人姓名及其被监护人员、工作地点及具体工作。未设置专责监护人时填写"/"。

12.2 工作人员变动情况：工作负责人填写工作人员变动（增添、离去）情况、变动日期、时间并签名。

12.3 工作中存在的主要危险点及预控措施：针对工作特点填写主要危险点及预控措施，如防触电、防高坠、防机械伤害、吊装作业方面的措施。

12.4 其他事项：工作中需说明的其他事项。

指定专责监护人 _陈×吉_ 负责监护 _殷×龙、王×军，3号机尾水管处，_
有限空间作业 （人员、地点及具体工作）

12.2 工作人员变动情况（增添人员姓名、变动日期及时间）

增添人员姓名	日	时	分	工作负责人	离去人员姓名	日	时	分	工作负责人

12.3 工作中存在的主要危险点及预控措施

序号	工作中存在的危险点分析	相应的预控措施

12.4 其他事项：_无_

附录 I-2　发电厂事故紧急抢修单格式及填写说明

国网宜昌供电公司（东电公司）

发电厂事故紧急抢修单（电二）字第（2022080001）号

1. 抢修工作负责人（监护人）：__曹×磊__　班组：__电气二班__
2. 抢修班人员（不包括抢修工作负责人）：__焦×龙、马×骏__
共　__2__　人
3. 抢修任务（抢修地点和抢修内容）：__3号机压油槽补气装置电动阀更换__

4．安全措施	执行人
关闭3号机压油槽总进气阀3301、3号机压油槽进气阀3304。	陈×国
取下电动阀DC24V插拔。	陈×国

上述1-4项由抢修负责人　__曹×磊__　根据抢修任务布置人　__程×刚__　的布置填写。

5．经现场勘察需补充下列安全措施	执行人
无	/

6. 经许可人（调度/运行人员）__陈×国__　同意（__2022__年__08__月__29__日__13__时__35__分）后，已执行。
7. 许可抢修开始时间：__2022__年__08__月__29__日__13__时__40__分
　　许可人（调度/运行人员）：__陈×国__
8. 抢修结束汇报：本抢修工作于__2022__年__08__月__29__日__13__时__50__分结束，设备及安全措施已恢复至开工前状态，现场设备状况及保留安全措施：__3号机压油槽补气装置已恢复自动运行，安全措施已全部恢复。__

工作单位、抢修单编号：填写执行一般规定。

1. 抢修工作负责人（监护人）、班组：填写抢修工作负责人姓名；工作班组名称。

2. 抢修班人员：填写工作班全体人员姓名，"共__人"填写总人数（不包括工作负责人）。

3. 抢修任务：填写具体抢修地点、设备名称编号和具体工作内容。

4. 安全措施：填写运行人员应做好的安全措施。同一系统关闭的阀门填写在同一行中并注明设备名称和编号；同一系统需要打开泄压的阀门填写在同一行中并注明设备名称和编号；同一控制柜内的电源开关填写在同一行中并注明设备名称和编号。

　　执行人：由工作许可人逐项确认并签名。

　　抢修负责人签名：抢修负责人填写上述1-4项后向抢修任务布置人汇报，填写本人及抢修任务布置人的姓名。

5. 经现场勘察需补充下列安全措施：由于运行方式和设备缺陷需扩大隔断范围的措施或其他运行人员补充的保证安全的措施。如没有补充，则填写"无"。

　　执行人：由工作许可人逐项确认并签名。

6. 安全措施执行：需经调度同意后完成的安全措施，填写调度员姓名和时间；不需经调度同意后完成的安全措施，填写运维许可人姓名和时间。

7. 许可抢修开始时间：填写

抢修班人员已全部撤离，材料、工具、场地已清理完毕，事故应急抢修单已终结。

抢修工作负责人：<u>曹×磊</u>　许可人（调度/运行人员）：<u>陈×国</u>

填写时间：<u>2022</u> 年 <u>08</u> 月 <u>29</u> 日 <u>13</u> 时 <u>55</u> 分

许可开工的值班调度员或值班负责人姓名及时间，工作许可人与工作负责人办理完现场工作许可手续后分别签名。

8. 抢修结束汇报： 抢修工作负责人向许可人报抢修完工，经双方检查验收，工作许可人填写抢修工作结束时间、现场设备状况及保留安全措施，与抢修工作负责人分别签名。运维人员向值班调度员汇报现场设备抢修后的状况及现场保留的安全措施，并填写汇报时间，事故抢修工作终结。

附录 J-1 一级动火工作票格式及填写说明

国网宜昌供电公司（变电检修分公司）

变电站（发电厂）一级动火工作票（检一）字第 2022080001 号

1. 动火工作负责人： 万×驰　　班组： 开关一班
2. 动火执行人： 陈×浸
3. 动火地点及设备名称：220kV 猇亭变电站 220kV #1 主变本体高压套管升高座
4. 动火工作内容（必要时可附页绘图说明）：220kV #1 主变本体高压套管升高座螺栓焊接
5. 动火方式： 焊接

（动火方式填写禁火区内焊接与切割或易燃易爆场所喷灯、电钻、砂轮等）

6. 申请动火时间：自 2022 年 08 月 13 日 08 时 30 分至 2022 年 08 月 13 日 17 时 00 分
7. （设备管理方）应采取的安全措施
　　①电焊机电源接入需得到运维人员同意并指定专门位置。
　　②动火区域做好围栏和警示标识，禁止无关人员靠近。
8. （动火作业方）应采取的安全措施
　　①工作前应清除现场的易燃物品，动火现场放置合格有效的灭火装置。
　　②动火作业应设置专人监护，始终监视现场动火作业的动态，发现异常立即处置。
　　动火工作票签发人签名： 陈×文　签发日期：2022 年 08 月 13 日 08 时 15 分
　　动火工作票双签发人签名： 陈×亮　签发日期：2022 年 08 月 13 日 08 时 20 分
　　（动火作业方）消防管理部门负责人签名： 刘×闵
　　（动火作业方）安监部门负责人签名： 杜×伟
　　分管生产的领导或技术负责人（总工程师）签名： 王×飞
9. 确认上述安全措施已全部执行
　　动火工作负责人签名： 万×驰　运维许可人签名： 谢×斌
　　许可时间 2022 年 08 月 13 日 08 时 40 分
10. 应配备的消防设施和采取的消防措施、安全措施已符合要求。可燃性、易爆气体含量或粉尘浓度测定合格
　　（动火作业方）消防监护人签名： 廖×波
　　（动火作业方）安监部门负责人签名： 杜×伟
　　（动火作业方）消防管理负责人签名： 胡×海

动火部门负责人签名：_陈×文_

动火工作负责人签名：_万×驰_

动火执行人签名：_陈×漫_

许可动火时间_2022_年_08_月_13_日_08_时_50_分

11. 动火工作终结

动火工作于_2022_年_08_月_13_日_15_时_10_分结束，材料、工具已清理完毕，现场确无残留火种，参与现场动火工作的有关人员已全部撤离，动火工作已结束。

动火执行人签名：_陈×漫_（动火作业方）消防监护人签名：_廖×波_

动火工作负责人签名：_万×驰_　运维许可人签名：_王×环_

12. 备注

12.1 对应的工作票、事故紧急抢修单、施工工作票编号_2022080001号工作票_

_____

12.2 其他事项：_无_

_____

_____

_____

_____

_____

_____

_____

_____

_____

_____

_____

_____

_____

_____

_____

_____

生产的领导或技术负责人（总工程师）签批。

9. 确认安全措施已全部执行及运维许可：动火工作负责人和运维许可人在完成各自应采取的安全措施并相互检查确认后签名，运维许可人填写许可时间，动火工作票许可开工。

新建输变电工程动火作业，运维许可人同其施工作业票审核人。

10. 确认现场安全措施完成及动火许可：动火作业方负责人、消防管理部门负责人、动火部门负责人、动火工作负责人、动火执行人认真检查确认动火地点及设备应配备的消防设施和采取的消防措施已符合要求，可燃性、易爆气体含量或粉尘浓度测定合格，分别在对应签名处签名，填写许可动火时间。

11. 动火工作终结：动火工作终结后，动火工作负责人应认真清理工作现场，并会同动火执行人和消防监护人（若动火工作与运维有关，运维许可人也应参加）检查验收确无问题后，填写终结时间，分别签名。

12. 备注：

12.1 对应票（单）及编号：填写对应的工作票、事故紧急抢修单、施工作业票编号。

12.2 其他事项：其他需要说明的有关情况。如没有此栏填写"无"。

附录 J-2 二级动火工作票格式及填写说明

国网宜昌供电公司（变电检修分公司）

变电站（发电厂）二级动火工作票（检一）字第 2022080001 号

1. 动火工作负责人：万×驰　　　班组：开关一班
2. 动火执行人：陈×浸
3. **动火地点及设备名称**

110kV 胡场变电站 110kV 设备区新建 110kV 罗湖线胡 55 开关间隔：胡 552、556 刀闸

4. **动火工作内容（必要时可附页绘图说明）**

新建 110kV 罗湖线胡 55 开关间隔：胡 552、556 刀闸接地扁铁与接地网焊接

5. **动火方式：** 焊接

（动火方式填写禁火区内焊接与切割或易燃易爆场所喷灯、电钻、砂轮等）

6. 申请动火时间：自 2022 年 08 月 13 日 08 时 30 分至 2022 年 08 月 13 日 17 时 00 分

7. **（设备管理方）应采取的安全措施**

　　①电焊机电源接入需得到运维人员同意并指定专门位置。

　　②动火区域做好围栏和警示标识，禁止无关人员靠近。

8. **（动火作业方）应采取的安全措施：**

　　①工作前应清除现场的易燃物品，动火现场放置合格有效的灭火装置。

　　②动火作业应设置专人监护，始终监视现场动火作业的动态，发现异常立即处置。

　　动火工作票签发人签名：陈×文　签发日期：2022 年 08 月 13 日 08 时 15 分

　　动火工作票双签发人签名：陈×亮　签发日期：2022 年 08 月 13 日 08 时 20 分

　　动火作业方消防人员签名：刘×闵

　　动火作业方安监人员签名：杜×伟

　　分管生产的领导或技术负责人（总工程师）签名：王×飞

9. **确认上述安全措施已全部执行**

　　动火工作负责人签名：万×驰　运维许可人签名：谢×斌

　　许可时间 2022 年 08 月 13 日 08 时 40 分

10. 应配备的消防设施和采取的消防措施、安全措施已符合要求。可燃性、易爆气体含量或粉尘浓度测定合格。

　　（动火作业方）消防监护人签名：廖×波

　　（动火作业方）安监人员签名：杜×伟

工作单位、工作票编号：填写执行一般规定。

1. 动火工作负责人、班组：填写动火工作负责人姓名；工作班组名称。

2. 动火执行人：填写动火工作的具体操作人姓名。

3. 动火地点及设备名称：动火工作场所的地点名称和设备名称、编号。

4. 动火工作内容：填写动火工作的具体项目和内容，做到完备、明确、具体。必要时可附页绘图说明。

5. 动火方式：填写动火禁火区内焊接与切割或易燃易爆场所喷灯、电钻、砂轮等。

6. 申请动火时间：填写动火工作的计划时间。

7. （设备管理方）应采取的安全措施：由动火工作负责人填写，设备管理单位对动火设备应采取的安全措施，如断开电源、设置围栏、悬挂标示牌等。填写应明确、具体、正确、完备。

8. （动火作业方）应采取的安全措施：由动火工作负责人填写，动火作业实施单位在动火作业前和动火作业中应采取的安全措施。

　　工作票签发人签名：工作票签发人确认 1-8 项后签名，并填写签发的具体时间。

　　工作票双签发人签名：双签发单位工作票签发人确认签名，并填写签发的具体时间。无需"双签发"时，此栏空格处填"/"。

　　动火作业方签名：消防管理部门消防人员及安监部门

动火工作负责人签名：**万×驰**　动火执行人签名：**陈×浸**

许可动火时间 *2022* 年 *08* 月 *13* 日 *08* 时 *50* 分

11. 动火工作终结

　　动火工作于 *2022* 年 *08* 月 *13* 日 *15* 时 *10* 分结束，材料、工具已清理完毕，现场确无残留火种，参与现场动火工作的有关人员已全部撤离，动火工作已结束。

动火执行人签名：**陈×浸**　　（动火作业方）消防监护人签名：**廖×波**

动火工作负责人签名：**万×驰**　　运维许可人签名：**王×环**

12. 备注

12.1 对应的工作票、事故紧急抢修单、施工作业票编号 *2022080002 号工作票*

_____

_____

12.2 其他事项：**无**

_____

_____

_____

_____

_____

_____

_____

_____

_____

_____

_____

_____

_____

_____

附录 K-1   施工作业 A 票格式及填写说明

施工作业 A 票

工程名称：夷陵 110kV 岩花输变电工程 编号：SZ-A4-1199101800050404-0049

建设单位	国网宜昌供电公司	监理单位	武汉中超电网建设监理有限公司	施工单位		宜昌三峡送变电工程有限责任公司电网分公司
施工班组	变电二次施工班	初勘风险等级	四级	复测后风险等级		四级
工序及作业内容	电缆敷设及二次接线： 电缆敷设作业准备及装卸；敷设及接线。					
作业部位	全站二次施工区域	地理位置	湖北省宜昌市夷陵区东城路经发工业园（111.378，30.756）			
计划开始时间	*2022.08.13，08:00*	计划结束时间	2022.08.13；18:00			
实际开始时间	*2022.08.13，08:00*	实际结束时间	*2022.08.13，17:00*			
执行方案名称	《电缆设施安装、电缆敷设及二次接线施工方案》		施工人数			8
方案技术要点	**电缆、光缆敷设：**电缆盘集中架设时各电缆盘应架设牢固，防止电缆盘倾倒；电缆盘应靠人力转动，不允许电动工具强制拉动。电缆敷设时按照先敷设长电缆，后敷设短电缆的顺序进行。 电缆沟内、端子箱内均不允许电缆交叉，且排列整齐、一致。电缆弯曲半径：控制电缆（非铠装多芯电缆）大于 6D，控制电缆（铠装多芯电缆）大于 12D；塑料绝缘电缆（非铠装多芯电缆）弯曲半径大于 15D，塑料绝缘电缆（铠装多芯电缆）大于 12D；其余电缆弯曲半径符合《电气装置安装工程电缆线路施工及验收规范》（GB 50168—2006）最小弯曲半径的要求。 光纤敷设弧度设置合理（"光缆合适最小静态弯曲半径为 10 倍缆径，在张力下安装时，为 20 倍缆径"的要求）、排列整齐，工艺美观。 **二次接线：**二次接线施工前，施工班组长及技术人员应完成二次回路的核对工作，保证二次回路的正确性，避免造成大面积的二次接线返工。					
具体人员分工	1. 班组负责人：黄×宇 2. 安全监护人：李×刚 3. 施工技术人员：王×永 4. 其他施工人员：向×鑫、肖×新、蒋×贵、陈×平、高×存					

1. 工程名称：填写施工项目名称。

2. 编号、参建单位及施工班组：填写执行一般规定。

3. 初勘风险等级及复测后的风险等级：分别填写初勘、复测的作业风险等级。作业票包含多项作业内容时，按最高风险等级填写。

4. 工序及作业内容：填写具体的工序及其作业内容，应涵盖所有需要列入作业票的工作内容，并与现场实际情况保持一致。

5. 作业部位：填写具体的作业地点、作业设备及部位，应涵盖施工作业中涉及的全部作业部位。

6. 地理位置：填写经纬度定位。

7. 计划开始时间和结束时间：填写计划开始和结束时间。

8. 实际开始时间和结束时间：填写第一次开始工作时间和最后一天作业结束时间，由工作负责人在开工日和工作结束日据实填写。

9. 执行方案名称：根据施工作业内容填写对应的施工方案名称。施工作业包含多项作业内容时，"执行方案名称"应包含每项作业内容所对应的施工方案。

10. 施工人数：填写现场所有施工作业人员的总和。包括现场工作负责人、安全监护人、施工技术人员、特种作业人员、厂家人员及劳务人员等。

11. 方案技术要点：工作负责人从施工方案中提炼出影响质量和工艺最为关键的技术要求，填入"方案技术要点"，

主要风险	机械伤害、高处坠落、物体打击、触电、火灾、疫情防控、其他伤害等	
作业必备条件		确认
1. 特种作业人员持证上岗。		☑
2. 作业人员无妨碍工作的职业禁忌。		☑
3. 无超龄或年龄不足人员参与作业。		☑
4. 配备个人安全防护用品，并经检验合格，齐全、完好。		☑
5. 结构性材料有合格证。		☑
6. 按规定需送检的材料送检并符合要求。		☑
7. 编制安全技术措施，安全技术方案制定并经审批或专家论证。		☑
8. 施工人员经安全教育培训，并参加过本工程技术安全措施交底。		☑
9. 确保高原医疗保障系统运转正常，施工人员经防疫知识培训、习服合格，施工点必须配备足够的应急药品和吸氧设备，尽量避免在恶劣气象条件下工作。（仅高海拔地区施工需做此项检查）		☐
10. 施工机械、设备有合格证并经检测合格。		☑
11. 工器具经准入检查，完好，经检查合格有效。		☑
12. 安全文明施工设施配置符合要求，齐全、完好。		☑
13. 各工作岗位人员对施工中可能存在的风险控制措施清楚。		☑
作业过程风险控制措施		

一、安全综合控制措施

1. 应根据电缆盘的重量配备吊车、吊绳，并根据电缆盘的重量配置电缆放线架。

2. 电缆隧道需采用临时照明作业时，必须使用 36V 以下照明设备，且导线不应有破损。

3. 根据电缆盘的重量和电缆盘中心孔直径选择放线支架的钢轴，放线支架必须牢固、平稳，无晃动，严禁使用道木垫支支架，防止电缆盘翻倒造成伤人事故的发生，盘边缘距地面不得小于100mm，电缆盘转动要均匀，速度要缓慢平稳，推盘人员不得站在电缆盘前方。

4. 电缆卸车必须使用吊车进行，作业负责应根据电缆轴的重量选择吊车和钢丝绳套，严禁使用跳板滚动卸车和在车上直接将电缆盘推下。

5. 卸车时吊车必须支撑平稳，必须设专人指挥，其他施工人员不得随意指挥吊车司机，遇紧急情况时，任何人员有权发出停止作业信号。

6. 电缆运输车上的挂钩人员在挂钩前要将其他电缆盘用木楔等物品固定后方可起吊，车下人员在电缆盘吊移的过程中，严禁站在吊臂和电缆盘下方。

7. 电缆敷设时应设专人指挥，指挥人员指挥信号应明确、统一行动，并有明确的联系信号、不得在无指挥信号的情况时随意拉引。施工前作业人员应时刻保证通信畅通，在拐弯处应有专人看护，防止电缆脱离滚轮，避免出现电缆被压、磕碰及其他机械损伤等现象发生，施工人员严禁踩踏电缆

作为现场交底的重点内容。

12. 具体人员分工： 根据施工作业实际情况，填写施工人员的姓名、人数和具体分工（应全员分工）。

13. 主要风险： 结合施工方案和作业指导书，针对施工任务、作业环境、作业方法及施工机具等进行危险点辨识，填写主要危险点。

14. 作业必备条件： 工作负责人结合作业组织的实际填写，主要包括人员资质、精神状态、安全教育、劳动防护、安全工器具、安全文明施工等方面的内容。工作负责人参照输变电工程典型施工作业票，根据本次施工作业内容的实际情况选择相关内容，需增加的条件应如实填写。作业开始前，工作负责人通过现场检查确认，已落实的项目在其对应的"☐"方格中打"√"，与本施工无关的内容处空出。

15. 安全综合控制措施： 工作负责人参照输变电工程典型施工作业票，根据本次施工作业内容的实际情况，填写相关内容。无对应施工作业样票的，结合施工方案和现场实际情况，对应主要风险，编制各个施工工序的安全控制措施。作业开始前，工作负责人通过现场检查确认，已落实的项目在"每日站班会及风险控制措施检查记录表"中打"√"。

16. 现场风险复测变化情况及补充控制措施： 填写现场风险变化情况及控制措施。当作业现场风险情况发生变化，或需要其他补充措施，由工作负责人在"现场风险复测变化情况及补充控制措施"中对应增加。如无变化和无补充控制措施，则对应填写"无"。

上下电缆沟。
8. 拖拽人员应精力集中，要注意脚下的设备基础、电缆沟支撑物、土堆等，避免绊倒摔伤。在电缆层内作业时，动作应轻缓，防止电缆支架划伤身体。高压电缆敷设采用人力敷设时，作业人员应听从指挥统一行动，抬电缆行走时要注意脚下，放电缆时要协调一致同时下放，避免扭腰砸脚和磕坏电缆外绝缘。
9. 拐角处施工人员应站在电缆外侧，避免电缆突然带紧将作业人员摔倒。电缆通过孔洞时，出口侧的人员不得在正面接引，避免电缆伤及面部。
10. 操作电缆盘人员要时刻注意电缆盘有无倾斜现象，特别是在电缆盘上剩下几圈时，应防止电缆突然蹦出伤人。
11. 高压电缆敷设过程中必须设专人巡视，应采用一机一人的方式敷设，施工前作业人员应时刻保证通信畅通，在拐弯处应有专人看护，防止电缆脱离滚轮，避免出现电缆被压、磕碰及其他机械损伤等现象发生。
12. 光缆卸车宜使用叉车或起重设备，严禁直接从车上滚下或抛下。
13. 短距离滚动光缆盘，应严格按照缆盘上标明的箭头方向滚动。光缆禁止长距离滚动。
（根据系统内票样填写）

二、现场风险复测变化情况及补充控制措施

1. 变化情况
110kV 配电综合楼中控室工作与土建专业同步施工，存在交叉施工情况。
2. 控制措施
交叉施工：作业前，应明确交叉作业各方的施工范围及安全注意事项，明确各自的专职监护人、监护地点及具体工作。
指派向×鑫作为专责监护人，负责监护 110kV 配电综合楼中控室内的电缆敷设工作。

全员签名					
黄×宇	李×刚	王×永	向×鑫	肖×新	蒋×贵
黄×宇	李×刚	王×永	向×鑫	肖×新	蒋×贵
陈×平	高×存				
陈×平	高×存				

新增人员签名：
2022 年 8 月 13 日 08:30 进场施工：刘×中

班组负责人	黄×宇	审核人（班组安全员、技术员）	李×刚
安全监护人	李×刚		王×永
		签发人（项目总工）	刘×龙
签发日期	2022.08.12，10:30		
备注	2022 年 8 月 13 日 16:30 离场：刘×中		

17. 全员签名：全员签名中每格对应一名施工人员，办理作业票时应先在表格里面打印作业人员姓名，签名时在对应人员的姓名下方签字确认。

18. 新增人员签名：新增的作业人员，应由工作负责人或安全监护人进行安全交底后，在“新增人员签名栏”签名确认，同时备注其实际参加工作的时间。

19. 施工作业票填写及审核签发人员签名：工作负责人、施工班组安全员和技术员、施工班组指定的安全监护人审查后在对应栏目中签名；由施工项目部的总工及以上人员审查合格后签名并填写签发时间。

20. 备注：填写与本施工相关而在其他栏目无法填写的内容以及其他应说明的事项。

如：离场工作人员应填写离场时间及离场人员。变更工作负责人或增加作业任务填写在此栏中。

附录 K-1A 施工作业 A 票每日站班会及风险控制措施检查记录表格式及填写说明

每日站班会及风险控制措施检查记录表（A 票附件）

作业票票号：SZ-A4-1199101800050404-0049				
作业部位及内容	电缆敷设及二次接线	施工日期	2022.08.13	
站班会开始时间	*2022.08.13，08:15*	站班会结束时间	*2022.08.13，08:30*	
班组负责人	黄×宇	第一作业面	工作内容	电缆敷设及二次接线
			安全监护人	李×刚
第二作业面	工作内容	第三作业面	工作内容	
	安全监护人		安全监护人	
三交	交任务	施工作业票所列工作任务已宣读清楚。		☑
	交安全	1. 交安全措施（见作业过程风险控制措施）已宣读清楚。		☑
		2.补充安全措施已交代清楚。		☑
	交技术	1. 施工作业票所列安全技术措施已宣读清楚。		☑
		2. 补充技术措施已交代清楚。		☑
检查内容	三查（查衣着、查三宝、查精神状态）、查作业必备条件	1. 作业人员着装规范、精神状态良好，经安全培训。		☑
		2. 施工机械、设备有合格证并经检测合格。		☑
		3. 工器具经准入检查，完好，经检查合格有效。		☑
		4. 安全文明施工设施符合要求，齐全、完好。		☑
		5. 施工人员对工作分工清楚。		☑
		6. 各工作岗位人员对施工中可能存在的风险及控制措施清楚。		☑
	当日控制措施检查	具体执行见作业过程风险控制措施。		
当日风险等级		四级		
风险复核人		黄×宇		
备注				

1. **工作票票号**：填写对应的施工作业票编号。

2. **作业部位及内容**：填写具体的作业地点、作业设备及部位，应涵盖当日施工作业中涉及的全部作业部位。

3. **施工日期**：填写当日施工的具体日期。

4. **站班会**：填写当日站班会开始时间、结束时间。

5. **班组负责人**：填写班组负责人姓名。

6. **作业面**：填写工作内容及安全监护人姓名；如有第二、第三作业面，依次填写作业面工作内容及安全监护人姓名。

7. **"三交"**：每日开工前，向全体人员交待作业任务、安全措施、技术措施，同时明确现场人员分工，已落实的项目在"□"方格中打"√"。无补充措施的内容空出。

8. **检查内容**：工作负责人对应检查的内容逐项检查，符合要求的，在对应检查项目的"□"方格中打"√"。

9. **当日风险等级**：填写当日施工作业的风险等级。

   风险复核人：填写风险复核人姓名。

   备注：填写与本施工相关而在其他栏目无法填写的内容。

10. **参加施工人员签名**：当日施工全体人员确认"三交"及检查内容后签字确认，新增人需备注其实际参加工作时间。

11. **综合控制措施**：工作负责人编制当日施工工序的安全控制措施，当日需执行措施在对应的"□"方格中打"√"，当日不执行的内容处空出。作

参加施工人员签名：

黄×宇　李×刚　王×永　向×鑫　宵×新　蒋×贵　陈×平　高×存
刘×中

全员签字（手签）

作业过程风险控制措施	
当日需执行措施	落实情况

一、综合控制措施

☑	1. 应根据电缆盘的重量配备吊车、吊绳，并根据电缆盘的重量配置电缆放线架。	☑
☑	2. 电缆隧道需采用临时照明作业时，必须使用 36V 以下照明设备，且导线不应有破损。	☑

二、现场风险复核变化情况及补充控制措施

现场复核内容	风险控制关键因素	条件满足情况	风险异常原因
作业人员	作业班组骨干人员（班组负责人、班组安全员、班组技术员、作业面监护人、特殊工种）有同类作业经验，连续作业时间不超过 8 小时。	☑	
机械设备	机具设备工况良好，不超年限使用；起重机械起吊荷载不超过额定起重量的 90%。	☑	
周围环境	周边环境（含运输路况）未发生重大变化。	☑	
气候情况	无极端天气状况。	☑	
地质条件	地质条件无重大变化。	☑	
临近带电体作业	作业范围与带电体的距离满足《安规》要求。	☑	
交叉作业	交叉作业采取安全控制措施。	☑	
补充安全控制措施	依据风险复核变化情况，据实补充。		

业开始前，工作负责人（监护人）通过现场检查确认，已落实的项目在其对应的"□"方格中打"√"。

12. 现场风险复测变化情况及补充控制措施栏：由工作负责人现场复核当日作业人员、机械设备、周围环境、气候情况、地质条件、临近带电体作业、交叉作业等内容及对应风险控制关键因素，满足条件情况在"□"中打"√"，不满足条件情况的内容处空出，并填写风险异常原因和补充安全控制措施。

施工作业 B 票

工程名称：宜昌兴山 220kV 输变电工程　编号：SZ-B3-1199101800050404-0033

建设单位	国网宜昌供电公司	监理单位	武汉中超电网建设监理有限公司	施工单位	宜昌三峡送变电工程有限责任公司电网分公司
施工班组	变电一次施工班	初勘风险等级	三级	复测后风险等级	三级
工序及作业内容		油浸电力变压器施工作业：吊罩检查；不吊罩检查；附件安装、套管吊装；油务处理、抽真空、注油及热油循环、油务处理。			
作业部位	220kV 主变区域	地理位置	湖北省宜昌市兴山县黄粮镇金家坝村二组（110.850，31.285）		
计划开始时间	2022.08.12，08:00	计划结束时间	2022.08.12，18:00		
实际开始时间	2022.08.12，08:00	实际结束时间	2022.08.12，17:30		
执行方案名称	《油浸电力变压器安装专项施工方案》			施工人数	15
方案技术要点	储油柜的安装： 先进行储油柜支架的吊装，紧固好连接螺栓，再将油枕吊装上去。吊装时一定要缓慢上升，并打好晃绳，设专人监护。 散热器吊装： 参照总装图，散热器为垂直安装。根据安装方向，散热器采用两点吊装。吊装时应先吊主油管，再吊装散热器。起吊时应平稳，防止散热器损坏。 升高座吊装： 每台主变压器为 45°倾斜安装，吊装时应注意吊点的选择。 升高座安装过程中，应注意如下问题： ①升高座应按厂家编号进行安装；②注意升高座的落位方向；③注意密封垫圈的更换、处理及放置；④吊装前要做好施工工具的登记工作，防止工具、灰尘、杂物等遗留在变压器内。 附件的安装：对照变压器厂家所提供的资料、图纸，组装好净油器、压力释放器和瓦斯继电器，并保证瓦斯继电器的倾斜度与厂家要求或规范一致。 组装中应该注意的问题：				

右侧填写说明：

1. **工程名称**：填写施工项目名称。
2. **编号、参建单位及施工班组**：填写执行一般规定。
3. **初勘风险等级及复测后的风险等级**：填写初勘时和复测后确定的作业风险等级。作业票包含多项作业内容时，按最高风险等级填写。
4. **工序及作业内容**：填写具体的工序及作业内容，应涵盖所有需要列入作业票的工作内容，并与现场实际情况保持一致。
5. **作业部位**：填写具体的作业地点、作业设备及部位，应涵盖施工作业中涉及的全部作业部位。
6. **地理位置**：填写经纬度定位。
7. **计划开始时间和结束时间**：填写计划开始和结束时间。
8. **实际开始时间和结束时间**：填写第一次开始工作时间和最后一天作业结束时间，由工作负责人在开工日和工作结束日分别据实填写。
9. **执行方案名称**：根据施工作业内容填写对应的施工方案名称。施工作业包含多项作业内容时，"执行方案名称"应包含每项作业内容所对应的施工方案。
10. **施工人数**：填写现场所有施工作业人员的总和。包括现场工作负责人、安全监护人、施工技术人员、特种作业人员、厂家人员及劳务人员等。
11. **方案技术要点**：工作负责人从施工方案中提炼出影响质量和工艺最为关键的技术要求，填入"方案技术要点"，并在现场交底时着重予以强

方案技术要点	①在变压器安装过程中，每天工作结束，应向本体充干燥空气，直到开始抽真空，以防变压器受潮。②安装中注意各种阀门的使用方法。③有些附件在组装前应检查、试验的，必须先做好试验检查；有些在安装过程需进行的检查、试验，与试验人员及时联系，作好协同配合。具体包括：升高座 CT 的变比检测，套管的绝缘电阻测试、介损和电容值的测量。
具体人员分工	1. 班组负责人：何×麟 2. 安全监护人：钟×银 3. 施工技术人员：曹×辉 4. 其他施工人员：向×裕（特殊工种）、周×银（特殊工种）、宋×峰、宋×士、张×省、张×宾（其他技术人员）、张×学、彭×栋、牛×玉、王×见、王×龙（其他技术人员）、胡×迪
主要风险	机械伤害、高处坠落、物体打击、起重伤害、中毒、窒息、火灾、其他伤害等（结合实际工作填写）

作业必备条件	确认
1. 特种作业人员持证上岗。	☑
2. 作业人员无妨碍工作的职业禁忌。	☑
3. 无超龄或年龄不足人员参与作业。	☑
4. 配备个人安全防护用品，并经检验合格，齐全、完好。	☑
5. 结构性材料有合格证。	☑
6. 按规定需送检的材料送检并符合要求。	☑
7. 编制安全技术措施，安全技术方案制定并经审批或专家论证。	☑
8. 施工人员经安全教育培训，并参加过本工程技术安全措施交底。	☑
9. 确保高原医疗保障系统运转正常，施工人员经防疫知识培训、习服合格，施工点必须配备足够的应急药品和吸氧设备，尽量避免在恶劣气象条件下工作。（仅高海拔地区施工需做此项检查）	☐
10. 施工机械、设备有合格证并经检测合格。	☑
11. 工器具经准入检查，完好，经检查合格有效。	☑
12. 安全文明施工设施配置符合要求，齐全、完好。	☑
13. 各工作岗位人员对施工中可能存在的风险控制措施清楚。	☑

作业过程风险控制措施

一、关键点作业安全控制措施
作业负责人站班会上通过读票方式进行安全交底，并随机抽取 3 至 5 名施工人员提问，被提问人员清楚且回答正确后开始作业。

二、安全综合控制措施

（一）器身内部检查
1. 施工前对所需工器具、辅助材料仔细清点并做好记录。
2. 检查现场有无易燃、易爆物及消防器材是否满足现场要求。
3. 检查器身顶部作业的防坠落、防滑措施是否落实到位。

调和明确。

12. 具体人员分工：根据施工作业实际情况，填写具体施工人员的姓名、人数和具体任务（应全员分工）。

13. 主要风险：结合施工方案和作业指导书，针对施工任务、作业环境、作业方法及施工机具等进行危险点辨识，填写主要危险点。

14. 作业必备条件：根据本次施工作业内容的实际情况，选择相关内容，需增加的条件应如实填写。作业开始前，工作负责人通过现场检查确认，已落实的项目在其对应的"☐"方格中打"√"，与本施工无关的内容处空出。

15. 关键点作业安全控制措施：根据本次施工作业内容的实际情况，填写相关内容。无对应施工作业样票的，结合施工方案和现场实际情况，对应主要风险，编制各个施工工序的安全控制措施。

16. 安全综合控制措施：根据本次施工作业内容的实际情况，填写相关内容。无对应施工作业样票的，结合施工方案和现场实际情况，对应主要风险，编制各个施工工序的安全控制措施。

17. 现场风险复测变化情况及补充控制措施：当作业现场风险情况发生变化，或需要其他补充措施，由工作负责人在"现场风险复测变化情况及补充控制措施"中对应增加。如无变化和无补充控制措施则对应填写"无"。

18. 全员签名：全员签名中每格对应一名施工人员，办理作业票时应先在表格里面打印作业人员姓名，签名时在对应人员的姓名下方签字确认。

4. 当器身内部含氧量未达到 18% 以上时，严禁人员进入。（新增 5. 在器身内部检查过程中，应连续充入露点小于 –40℃ 的干燥空气，应设专人监护，防止检查人员缺氧窒息。）

5. 必须使用 12V 以下带护罩的安全灯具进入器身内部。

6. 施工后按登记清单清点工具，严禁遗留在变压器本体内。

（二）套管升高座、油枕、散热器等附件吊装

1. 变压器本体接地可靠、符合要求。

2. 搬运设备必须有足够的人员，防止手脚挤伤及设备碰撞。

3. 吊装附件采用吊带，防止损伤漆面。

4. 吊车必须支撑平稳，必须设专人指挥。

5. 起吊时，吊件两端系上调整绳以控制方向，缓慢起吊。

6. 吊物吊离地面时，先用"微动"信号指挥，待吊件离开地面约 100mm 时停止起吊，检查无异常后，再指挥用正常速度起吊。在吊件降落就位时，再使用"微动"信号指挥。

7. 做好器身顶部作业的防坠落措施，设置安全围栏，登高人员穿防滑鞋。

8. 变压器顶部的油污及时清理干净。

9. 高处作业采用高空作业车，作业人员禁止攀爬绝缘子作业。

（三）套管吊装

1. 在油箱顶部作业时，做好器身顶部作业的防坠落措施，变压器、电抗器顶部的油污及时清理干净，四周临边处应设置水平安全绳或固定式安全围栏（油箱顶部有固定接口时）。

2. 高处作业人员应穿防滑鞋，必须通过自带爬梯上下变压器。应避免残油滴落到油箱顶部。

3. 吊车必须支撑平稳，吊装必须设专人指挥，应能全面观察到整个作业范围，包括套管起落点及吊装路径、吊车司机和司索人员的位置。

4. 吊具应使用厂家提供的套管专用吊具或使用合格的尼龙吊带，绑扎位置及绑扎方法应经厂家人员确认，严防工器具损伤套管。

5. 套管及吊臂活动范围下方严禁站人。在套管到达就位点且稳定后，作业人员方可进入作业区域。

6. 大型套管采用两台起重机械抬吊时，应分别校核主吊和辅吊的吊装参数，特别防止辅吊在套管竖立过程中超幅度或超载荷。

7. 当套管试验采用专用支架竖立时，必须确保专用支架的结构强度，并与地面可靠固定。

8. 套管吊装时，为防止手拉葫芦断裂，在吊点两端加一根软吊带作为保护。

9. 起吊时，吊件两端系上调整绳以控制方向，缓慢起吊。

10. 吊物吊离地面时，先用"微动"信号指挥，待吊件离开地面约 100mm 时停止起吊，检查无异常后，再指挥用正常速度起吊。在吊件降落就位时，再使用"微动"信号指挥。

11. 套管安装时使用定位销缓慢插入，防止瓷件碰撞法兰。

12. 在套管法兰螺栓未完全紧固前，起重机械必须保持受力状态。

13. 高处摘除套管吊具或吊绳时，必须使用高空作业车。严禁攀爬套管或使用起重机械吊钩吊人。

（四）油务处理、抽真空、注油及热油循环施工作业

1. 检查现场有无易燃、易爆物及消防器材是否充足。

2. 设置专用电源，接地可靠，抽真空及滤油过程中设专人巡视并做好记录。

3. 滤、注油过程中变压器本体可靠接地。

4. 油罐及管路多点可靠接地。

---

19. 新增人员签名：因工作实际新增的作业人员，应由工作负责人或安全监护人进行安全交底后，在"新增人员签名栏"签名确认，同时备注其实际参加工作的时间。

20. 施工作业票填写及审核签发人员签名：工作负责人、施工项目部安全员和技术员、施工班组指定的安全监护人审查后在对应栏目中签名；由施工项目部的项目经理审查合格后签名并填写签发时间。风险等级达到三级及以上时，需监理人员应事先审核并检查措施已落实后，在对应栏目中履行签名。当风险等级达到二级时，需工程业主项目经理/业主项目部安全专责审查施工工作业票的内容，确认无误后在对应栏目中签名。

21. 签发日期：三级及以上风险作业的施工作业票应至少提前一天完成签发审批手续。

22. 备注：填写与本施工相关而在其他栏目无法填写的内容以及其他应说明的事项。

　　如：离场工作班人员应填写离场时间及离场人员。变更工作负责人或增加作业任务填写在此栏中。

5. 残油集中回收，不得污染环境与设备基础。

6. 抽真空设备应有电磁式逆止阀，防止液压油倒灌进入变压器本体。

7. 变压器注油排氮时，任何人不得在排气孔处停留。

8. 变压器、滤油机、油罐周边 10m 内严禁烟火，不得有动火作业。

三、现场风险复测变化情况及补充控制措施

1. 变化情况

无

2. 控制措施

无

全员签名					
何×麟	钟×银	曹×辉	向×裕	周×银	宋×峰
何×麟	*钟×银*	*曹×辉*	*向×裕*	*周×银*	*宋×峰*
王×见	王×龙	胡×迪	张×学	彭×栋	牛×玉
王×见	*王×龙*	*胡×迪*	*张×学*	*彭×栋*	*牛×玉*
宋×士	张×省	张×宾			
宋×士	*张×省*	*张×宾*			

新增人员签名：

2022.08.12，08:30 进场施工：*杨×友*

班组负责人	*何×麟*	审核人（项目部 安全、技术专责）	*李×夫*
安全监护人	*钟×银*		*徐×帆*
		签发人 （项目经理）	*严×炜*
监理人员 （三级及以上 风险）	*张×园*	业主项目经理/ 业主项目部安全专责 （二级风险）	
签发日期	*2022.08.11，10:00*		
备注	*2022.08.12 16:30 离场：杨×友*		

附录 K-2B　施工作业 B 票每日站班会及风险控制措施检查记录表格式及填写说明

每日站班会及风险控制措施检查记录表（B 票附件）

作业票票号：SZ-B3-1199101800050404-0033

作业部位及内容	油浸电力变压器施工作业：附件安装、套管吊装。	施工日期		2022.08.12
站班会开始时间	*2022.08.12，08:15*	站班会结束时间		*2022.08.12，08:30*
班组负责人	何×麟	第一作业面	工作内容	附件安装、套管吊装
			安全监护人	钟×银
第二作业面	工作内容	第三作业面	工作内容	
	安全监护人		安全监护人	
三交	交任务	施工作业票所列工作任务已宣读清楚。		☑
	交安全	1. 交安全措施（见作业过程风险控制措施）已宣读清楚。		☑
		2. 补充安全措施已交待清楚。		☑
	交技术	1. 施工作业票所列安全技术措施已宣读清楚。		☑
		2. 补充技术措施已交待清楚。		☑
检查内容	三查（查衣着、查三宝、查精神状态）、查作业必备条件	1. 作业人员着装规范、精神状态良好，经安全培训。		☑
		2. 施工机械、设备有合格证并经检测合格。		☑
		3. 工器具经准入检查，完好，经检查合格有效。		☑
		4. 安全文明施工设施符合要求，齐全、完好。		☑
		5. 施工人员对工作分工清楚。		☑
		6. 各工作岗位人员对施工中可能存在的风险及控制措施清楚。		☑
	当日控制措施检查	具体执行见作业过程风险控制措施。		
当日风险等级		三级		
风险复核人		何×麟		
备注				

1. **工作票票号**：填写对应的施工作业票编号。
2. **作业部位及内容**：填写具体的作业地点、作业设备及部位，应涵盖当日施工作业中涉及的全部作业部位。
3. **施工日期**：填写当日施工的具体日期。
4. **站班会**：填写当日站班会开始时间、结束时间。
5. **班组负责人**：填写班组负责人姓名。
6. **作业面**：填写工作内容及安全监护人姓名；如有第二、第三作业面，依次填写作业面工作内容及安全监护人姓名。
7. **"三交"**：每日开工前，向全体人员交待作业任务、安全措施、技术措施，同时明确现场人员分工，已落实的项目在"□"方格中打"√"。无补充措施的内容空出。
8. **检查内容**：工作负责人对应检查的内容，逐项检查符合要求，并在对应检查项目的"□"方格中打"√"。
9. **当日风险等级**：填写当日施工作业的风险等级。
　　风险复核人栏：填写风险复核人姓名。
10. **备注**：填写与本施工相关而在其他栏目无法填写的内容。
11. **参加施工人员签名**：当日施工全体人员确认"三交"及检查内容后签字确认，新增人需备注其实际参加工作时间。
12. **关键点作业安全控制措施**：工作负责人根据施工作业票对应栏中内容，结合当日现场实际情况，当日需执行措施在对应的"□"方格中打"√"，

参加施工人员签名：		
何×麟　钟×银　曹×辉　向×裕　　宋×士　张×省　张×宾　张×学		
胡×迪　王×龙　王×见　周×银　彭×栋　牛×玉　宋×峰		
全员签名（手签）		

作业过程风险控制措施	
当日需执行措施	落实情况

一、关键点作业安全控制措施

☑	1. 工作负责人站班会上通过读票方式进行安全交底，并随机抽取 3 至 5 名施工人员提问，被提问人员清楚且回答正确后开始作业。	☑

二、综合控制措施

（一）器身内部检查

☑	1. 施工前对所需工器具、辅助材料仔细清点并做好记录。	☑
☑	2. 检查现场有无易燃、易爆物及消防器材是否满足现场要求。	☑

三、现场风险复核变化情况及补充控制措施

现场复核内容	风险控制关键因素	条件满足情况	风险异常原因
作业人员	作业班组骨干人员（班组负责人、班组安全员、班组技术员、作业面监护人、特殊工种）有同类作业经验，连续作业时间不超过 8 小时。	☑	
机械设备	机具设备工况良好，不超年限使用；起重机械起吊荷载不超过额定起重量的 90%。	☑	
周围环境	周边环境（含运输路况）未发生重大变化。	☑	
气候情况	无极端天气状况。	☑	
地质条件	地质条件无重大变化。	☑	
临近带电体作业	作业范围与带电体的距离满足《安规》要求。	☑	
交叉作业	交叉作业采取安全控制措施。	☑	
补充安全控制措施	依据风险复核变化情况，据实补充。		

当日不执行的内容处空出。作业开始前，工作负责人（监护人）通过现场检查确认，已落实的项目在其对应的"□"方格中打"√"。

13. 综合控制措施：工作负责人（监护人）编制当日施工工序的安全控制措施，当日需执行措施在对应的"□"方格中打"√"，当日不执行的内容处空出。作业开始前，工作负责人（监护人）通过现场检查确认，已落实的项目在其对应的"□"方格中打"√"。

14. 现场风险复测变化情况及补充控制措施：由工作负责人现场复核当日作业人员、机械设备、周围环境、气候情况、地质条件、邻近带电体作业、交叉作业等内容及对应风险控制关键因素，满足条件情况在"□"中打"√"，不满足条件情况填写风险异常原因并补充安全控制措施。

15. 到岗到位签到表：三级风险作业时，施工项目部、监理项目部管理人员应上岗到位，并在到岗到位签到表中签名；二级风险作业时，施工项目部、监理项目部、业主项目部、施工单位、监理单位及建管单位管理人员应上岗到位，并在到岗到位签到表中签名。

到岗到位签到表			
单位	姓名	职务/岗位	备注
建设单位			
监理单位			
施工单位			
业主项目部			
监理项目部	周×华	安全专监	
施工项目部	刘×军	安全员	

附录 K-3 施工作业 C 票表格式及填写说明

施工作业 C 票

工程名称：双莲#5 台区新建工程　　　　　　编号：2022080031

建设单位	国网当阳市供电公司	监理单位	武汉中超电网建设监理有限公司宜昌分公司	施工单位	宜昌永峰工程有限公司
施工班组	施工一队	施工人数（包括工作负责人）		11 人	
作业地点及设备名称	35kV 王店变电站 10kV 工业园线 工业园支线	作业内容		#15-#20 电杆：挖杆坑、组立电杆、安装金具	
计划施工时间	2022 年 08 月 19 日 08 时 30 分至 2022 年 08 月 19 日 18 时 00 分				
开工时间	2022 年 08 月 19 日 09 时 00 分	完工时间		2022 年 08 月 19 日 17 时 30 分	
风险等级	四级	按《国网湖北省电力有限公司作业安全风险管控工作规定》确定			

主要风险：
①倒杆断杆；②物体打击，坠物伤人；③交通事故；④机械伤害；⑤高处坠落

作业过程风险控制措施及落实	落实情况
1. 攀登新电杆前，应夯实基础，检查杆根、杆身及电杆横向裂纹防止倒杆断杆。	☑
2. 传递工器具材料时要使用传递绳，严禁抛物，较大的工具、物件应固定在牢固的构件上，禁止随意摆放。	☑
3. 在公路旁施工地段两端设置"电力施工，车辆绕行"。吊车立杆时，设赵×东手持信号旗指挥交通。	☑
4. 人工开挖，前方不准有人，防止施工器具伤人并注意地下管线。吊车立杆时，吊钩应有防脱钩装置，起吊过程中所有人员离开 1.2 倍吊臂的距离，设高×俊负责吊车监护和指挥。	☑
5. 杆上人员登杆前应检查登杆工具、安全带及后备保护绳，上下杆或移位过程中不得失去保护，安全带和后备保护绳应分别系在不同的牢固构件上。	☑

作业分工：
工作负责人：刘×华
班组成员：
毕×云、赵×国、周×金负责杆坑开挖及回填；

---

1. **工程名称**：填写施工项目名称。
2. **编号、参建单位及施工班组**：执行一般规定。
3. **作业地点及设备名称**：配电线路施工应写明电压等级、名称和杆塔编号或起止编号；配电设备施工应写明施工站（所）的电压等级、名称和具体施工位置。
4. **作业内容**：填写具体的施工作业项目。
5. **计划施工时间**：由施工负责人根据施工计划填写。
6. **主要风险**：结合施工方案和作业指导书，针对施工任务、作业环境、作业方法及施工机具等进行危险点辨识，填写主要危险点。如机械伤害、物体打击、高处坠落、触电、坍塌、火灾、交通伤害等。
7. **作业过程风险控制措施及落实**：根据施工方案，结合作业现场实际情况，对应作业现场存在的危险点，编制有针对性的防范措施。作业开始前，工作负责人通过现场检查确认，已落实的项目后在"口"中打"√"。
8. **作业分工**：填写具体施工人员（包括：工作负责人、安全监护人、施工技术人员、厂家技术人员、机械设备操作人员、起重指挥人员、登高作业人员、动火作业人员及劳务配合人员等）的姓名、人数和具体任务。
9. **作业前检查**：对应检查项目逐项检查确认，已落实的项目在对应的"口"打"√"。
10. **作业人员签名**：工作负责人带领施工人员进入工作现

赵×东负责装设围栏及指挥交通；

程×链负责吊车操作、高×俊负责指挥和监护；

孟×松、赵×华负责配合起吊；

陈×春负责杆上作业；

袁×军为专责监护人。

作业前检查	落实情况
施工人员着装是否规范、精神状态是否良好。	☑
施工安全防护用品（包括个人）、用具是否齐全和完好。	☑
现场所使用的工器具是否完好且符合技术安全措施要求。	☑
是否编制技术安全措施。	☑
施工人员是否参加过本工程技术安全措施交底。	☑
施工人员对工作分工是否清楚。	☑
各工作岗位人员对存在的风险、风险源是否明白。	☑
预控措施是否明白。	☑

作业人员签名					
刘×华	毕×云	赵×国	周×金	赵×东	程×链
高×俊	孟×松	赵×华	陈×春	袁×军	

新增人员签名：

工作负责人	刘×华	审核人（安全、技术人员）	刘×蔚
安全监护人	袁×军	签发人	曾×盼
监理人员（三级及以上风险）		业主项目经理（二级风险）	
签发日期	2022年8月18日14时30分		
备注	2022.08.18，16:36离场；程×链		

场，向全体施工人员交待施工任务及现场的安全措施和安全注意事项。每位施工人员确认工作负责人布置的任务和现场安全措施正确完备后，在工作负责人收执的施工作业票上分别签名。

新增人员签名栏：因工作实际新增的作业人员，应由工作负责人或安全监护人进行安全交底后，在"新增人员签名栏"签名确认，同时备注其实际参加工作的时间。

11. 作业票审核及签发：工作负责人填写施工作业票并确认无误签名后，交由工作票审核人、安全监护人、签发人依次确认签名；三级以上风险还应由监理人员审核并现场确认后签名，二级及以上风险经监理人员审核签字后交由业主项目经理确认签名。签发日期由签发人填写。

12. 备注：填写与本施工相关而在其他栏目无法填写的内容。

如：离场工作人员应填写离场时间及离场人员。变更工作负责人或增加作业任务填写在此栏中。

C 票每日站班会及风险控制措施检查记录表

工作票票号：2022080031

作业部位及内容	35kV 王店变电站 10kV 工业园线工业园支线新建 #15-#20 杆电杆组立	施工开始时间	2022 年 08 月 19 日 09 时 00 分
工作负责人	刘×华	安全监护人	袁×军

三交	交任务	施工作业票所列工作任务已宣读清楚。	☑
	交安全	1. 交安全措施（见作业过程风险控制措施）已宣读清楚。	☑
		2. 补充安全措施已交待清楚。	☑
	交技术	1. 施工作业票所列安全技术措施已宣读清楚。	☑
		2. 补充技术措施已交待清楚。	☑
检查内容	三查（查衣着、查三宝、查精神状态）、查作业必备条件	1. 作业人员着装规范、精神状态良好，经安全培训。	☑
		2. 施工机械、设备有合格证并经检测合格。	☑
		3. 工器具经准入检查，完好，经检查合格有效。	☑
		4. 安全文明施工设施符合要求，齐全、完好。	☑
		5. 施工人员对工作分工清楚。	☑
		6. 各工作岗位人员对施工中可能存在的风险及控制措施清楚。	☑
	当日控制措施检查	具体执行见作业过程风险控制措施。	
	当日风险等级	四级	
	备注		

作业过程风险控制措施及落实	落实情况
1. 攀登新电杆前，应夯实基础，检查杆根、杆身及电杆横向裂纹防止倒杆断杆。	☑
2. 传递工器具材料时要使用传递绳，严禁抛物，较大的工具、物件应固定在牢固的构件上，禁止随意摆放。	☑
3. 在公路旁施工地段两端设置"电力施工，车辆绕行"。吊车立杆时，设赵立国手持信号旗指挥交通。	☑
4. 人工开挖，前方不准有人，防止施工器具伤人并注意地下管线。吊车立杆时，吊钩应有防脱钩装置，起吊过程中所有人员离开 1.2 倍吊臂的距离，设袁×军负责吊车监护和指挥。	☑

1. **工作票票号**：填写对应的施工作业票编号。

2. **作业部位及内容**：填写当日具体的作业地点、作业设备及部位，应涵盖当日施工作业中涉及的全部作业部位。线路施工应写明杆塔编号或杆塔起止编号；其他施工应写明施工项目或标段名称和具体施工位置。

3. **三交**：每日开工前，详细交待当天的施工作业任务，向全体人员交待现场作业过程的风险控制措施、安全技术措施及补充的安全、技术措施，同时明确现场人员分工，并在已落实的项目"口"中打"√"。

4. **检查内容**：工作负责人结合现场实际，认真检查全体作业人员的精神状态、个人劳动防护措施、施工机械及工器具、安全文明施工设施等方面的内容，检查无误后在对应的项目后打"√"。

5. **当日风险等级**：填写当日施工作业的风险等级。

6. **备注**：填写与本施工相关而在其他栏目无法填写的内容。

7. **作业过程风险控制措施及落实**：根据施工作业票对应栏中内容，结合当日现场实际情况填写。当施工作业票在当日施工阶段需与电气工作票配合使用时，应在该栏的第一项措施中填写"本施工作业票在进行××施工作业时必须得到××工作票的工作许可后方可进入施工现场进行施工作业"。

8. **作业分工**：填写具体施工人员的姓名、人数和具体任务。

5. 杆上人员登杆前应检查登杆工具、安全带及后备保护绳，上下杆或移位过程中不得失去保护，安全带和后备保护绳应分别系在不同的牢固构件上。	☑

作业分工：

工作负责人：刘×华

班组成员：

毕×云、赵×国、周×金负责杆坑开挖及回填；

赵×东负责装设围栏及指挥交通；

程×链负责吊车操作、高×俊负责指挥和监护；

孟×松、赵×华负责配合起吊；

陈×春负责杆上作业；

袁×军为专责监护人。

作业人员签名

刘×华	毕×云	赵×国	周×金	赵×东	程×链
高×俊	孟×松	赵×华	陈×春	袁×军	

到岗到位签到表

单位	姓名	职务/岗位	备注
建管单位			
监理单位			
施工单位			
业主项目部			
监理项目部			
施工项目部			

班后会

工作结束时间：*2022 年 8 月 19 日 17 时 30 分*

1. 工作完成情况

工作任务全部完成，材料工具已清理完毕，现场无遗留物。

2. 工作中存在的不足

杆上作业和吊车作业时需加强监护。

3. 班后会人员签名：**刘×华 毕×云 赵×国 周×金 赵×东 高×俊 孟×松 赵×华 陈×春 袁×军**

9. 作业人员签名：当日施工人员确认"三交"及检查内容后，当日工作班人员确认签名。新增人员应由工作负责人或安全监护人对其进行"三交"及检查后，在本栏目签名确认，同时备注其实际参加工作的时间。

10. 到岗到位签到表：三级风险作业时，施工项目部、监理项目部管理人员应到岗到位，并在到岗到位签到表中签名；二级风险作业时，施工项目部、监理项目部、业主项目部、施工单位、监理单位及建管单位管理人员应到岗到位，并在到岗到位签到表中签名。

11. 班后会

11.1 工作完成情况：填写当日施工作业任务完成情况、现场收工检查情况等内容。

11.2 工作中存在的不足：填写当日工作中发现不足和存在的问题，同时提出切实可行的改进措施。

11.3 班后会人员签名：当日施工人员参加班后会签名。